计量惠民生系列

国家『十三五』重点规划图书

古代计量拾零

郑颖　郑钦予　编著

中国质检出版社
中国标准出版社
北　京

图书在版编目（CIP）数据

古代计量拾零／郑颖，郑钦予编著 .—北京：中国标准出版社，2017.5（2022.12 重印）
（大质量　惠天下——全民质量教育图解版科普书系）
ISBN 978-7-5066-8516-0

Ⅰ.①古…　Ⅱ.①郑…　②郑…　Ⅲ.①计量—历史—中国—古代
Ⅳ.①TB9-092

中国版本图书馆 CIP 数据核字（2016）第 305457 号

古代计量拾零

出版发行：中国质检出版社
中国标准出版社
地　址：北京市朝阳区和平里西街甲 2 号（100029）
北京市西城区三里河北街 16 号（100045）

电　话：(010) 68533533（总编室），51780238（发行），68523946（读者服务部）
网　址：http://www.spc.net.cn
印　刷：北京博海升彩色印刷有限公司印刷
开　本：880×1230　1/32

字　数：133 千字　　印　张：5.5
版　次：2017 年 5 月第 1 版　　印　次：2022 年 12 月第 3 次印刷
书　号：ISBN 978-7-5066-8516-0
定　价：28.00 元

顾　问　方　向　景凤鸣

马爱文　杨学功

主　审　艾学璞

编　著　郑　颖　郑钦予

出版说明

PUBLISHER'S NOTE

质量，一个老百姓耳熟能详的字眼，一个经济社会发展须臾不可分离的关键要素。质量关系民生福祉，关系国家形象，关系可持续发展。

党的十八大以来，以习近平同志为核心的党中央高度重视质量问题，明确提出要把推动发展的立足点转到提高质量和效益上来，突出强调坚持以提高发展质量和效益为中心。习近平总书记针对质量问题发表了一系列重要论述，尤其是在阐述供给侧结构性改革中，反复强调提高供给质量的极端重要性。李克强总理对质量也高度重视，强调质量发展是“强国之基、立业之本、转型之要”。

为了宣传质量知识，使全社会积极参与到质量强国的建设事业中来，中国质检出版社（中国标准出版社）邀请相关政府机构、科研院所、科普工作者等合力打造了《大质量 惠天下——全民质量教育图解版科普书系》，本书系已被列为国家“十三五”重点规划图书，成为提升全民科学文化素质的出版物的重要组成部分。本书系采用开放式的架构，围绕质量、安全核心，结合环保、健康、安全等热点，内容涵盖“四大质量基础”（标准、计量、认证认可、检验检测）、“四大安全”（国门安全、食品安全、消费品安全、特种设备安全），涉及“衣”“食”“住”“行”“游”“学”“用”等，集科学性、通俗性和趣味性为一体，用平实而生动的文字和新颖活泼的版面、图文结合的方式，使百姓在生活中认识质量、重视质量，掌握必要的质量知识和基本方法，增强运用质量知识处理实际问题的能力，并提升生活品质。

质量一头连着供给侧，一头连着消费侧。提升质量是供给侧结构性改革的发力点、突破口。我们希望通过本系列图书为大众普及质量知识尽绵薄之力，也期待质量知识的传播使企业发扬工匠精神，狠抓产品质量提升，让老百姓有更多的“质量获得感”，让全社会分享更多的“质量红利”。

中国质检出版社

中国标准出版社

2017 年 2 月

序言
PREFACE

计量是需要传承的。

从计量科技和管理角度讲，“传”是量值的传递，“承”是量值的溯源，它们的共同作用就是保证量值的准确，实现测量活动、测量结果的统一，它需要传承。计量科学的本身就是为了建立和优化不断进步、永无止境的计量标准。计量标准是物化的标准、是客观的标准，是建立在科学真理基础上的准绳。我们经常会说“没有规矩不成方圆”，所谓“规”“矩”，分别是指校正圆和方的两件计量器具。当规和矩合二为一时，便为“规矩”，指的是法度、标准，这样一来“规”“矩”和“规矩”之间就形成了内在联系。可以说，没有规、矩，何来规矩？没有规矩，规、矩何用？所以，方、圆的形制需要通过计量来确保方就是方、圆亦为圆，以及方圆之规格符合标准之规定，也就是“传承”了量值的预期。

从计量历史和文化角度讲，它的传承至少体现在三个方面。一则，它传承的是计量理念。从“身为度，称以出”到“器械一量，同书文字”，从“黄钟累黍定尺”到“营造库平制”，从《史记·律书》《汉书·律历志》到《律吕正义》，从“商鞅铜方升”到第一代国际权度局量身定做的铂铱合金“营造尺”“库平砝码”原器……这期间有过徘徊、有过反复，但主流是传承。传承什么？传承的就是“为之度，以一天下之长短；为之量，以齐天下之多寡；为之权衡，以信天下之轻重”的一脉相承数千年的中国古代计量、古代度量衡的文化理念。二则，它传承的是民族自豪感。在国家大力倡导国学的今天，如何引导人们喜欢国学、愿学国学？用国学传递中华民族的自豪感是有效手段之一。中国古代计量的科技和文化，毋庸置疑是国学的重要组成部分。世界上制造的最早的天文钟、世界上第一个计算出圆周率小数点后七位的科学家、精准运用杠杆原理制造不等臂秤的国家、世界上第一个科学测量地球子午线的人、领先西方1700年的计时装置……这些都是中华民族对人类的伟大贡献，它们也都与中国古代计量、古代度量衡息息相关。因此，对计量文化的传承，就是对中华民族的民族自豪感、民族凝聚力的传承。三则，它传承的是计量人奋发的信心。我们的祖先创造了人类历史上灿烂的科技和文化成就，它传递给我们动力，激发我们为实现“中国梦”再造辉煌的坚定信心，目前我国计量获得国际互认的校准和测量能力（CMCS）已经达到1317项，稳居全球第四。

计量还需要普及。

古代计量优秀的科技成果和历史文化需要普及，当代计量科技特别是与人们生活紧密相关的计量知识更需要普及。比如，雷达测速仪、咪表、酒精检测仪、导航仪这些与每个驾驶员都有关系，它们到底是怎么一回事？无线通讯基站、家用路由器、微波炉、移动电话、笔记本电脑等，它们的辐射对人体是否有害？还有满载的货车如何计重，“刚才最后一响是北京时间八点整”这是什么意思等等。这些在我们日常生活中比比皆是，我倒是很希望作者将来能够花时间以“身边的计量”为题，把现代计量中与老百姓生活相关的知识进行收集、整理，为读者所共享，进一步推动计量的普及。

传承和普及计量是计量人义不容辞的责任，借此机会把这本书推荐给读者，希望能有更多的读者喜爱计量，宣传计量！

中国计量科学研究院　院长

2017年4月20日

爲之度，以一天下之長短；

爲之量，以齊天下之多寡；

爲之權衡，以信天下之輕重。

目录

CONTENTS

◎“小试牛刀”

来吧！测试一下您对中国古代度量衡的认知水平。

【判断题】

1.“蚕丝”“粟”“黍”以及人体或人体的某个部位作为自然物，在我国古代度量衡标准的探索过程中，曾经被作为早期的计量标准。(　　)

2.早期英国曾以其国王拇指关节的长度确定长度单位“英寸”，以国王脚的长度确定长度单位“英尺”。(　　)

3.“璧羡度尺”曾被我国东周齐国用作尺度，是当时一种度量标准，成为当时天子的“量物之度”。(　　)

4.古人曰“人长八尺，故曰丈夫”，当时八尺大约是240厘米，也就是说古时“丈夫”身高一般在2.4米左右。（　　）

5.“惟车工之尺最佳”这句话中的“车工之尺”指的是俗称的“鲁班尺”。（　　）

6.我国古代以“人体为则”确定度量衡标准时，通常男人布手称为“尺”，女人布手称为“咫”。（　　）

7.“步”在我国古代只用作长度单位。(　　)

8.我国古代“周以八尺为步”“秦以六尺为步”，唐代及以后通常以“五尺为步”。(　　)

9.“仞”是我国古代长度单位之一，通常以成人两臂平伸时两手指尖之距离为一仞。(　　)

10.成语“退避三舍”中的“舍”是“三十里”的意思，

它是我国古代长度的计量单位之一。(　　)

11. 从我国古代到民国，“撮”作为度量衡容量单位之一，其量值未发生过变化，均相当于现在的1毫升。(　　)

12. 成语“夜半三更”中“夜半”是古代“十二时计时法”中的一个特定时间段，它对应着“十二时辰计时法”的“子时”，也基本与“三更”相对应，大致相当于现在的23点至凌晨1点这个时段。(　　)

13. “贯”是我国古代铜钱量的计量单位，通常每一千个铜钱串在一起被称为“一贯”。(　　)

14. “石”在我国古代度量衡中曾是重量单位也是容量单位，作为重量单位时1石通常为120斤，作为容量单位时1石通常为100升。(　　)

15. 我国古代衡制一直是“1斤=16两”，但在宋代也出现过十进制的李照水秤。(　　)

16. “钱”作为约定俗成的重量单位，其源于唐代时所铸造的“开元通宝”的重量与“铢”“两”之间的换算关系。(　　)

17. 在我国古代度量衡衡制单位中，“铢”“锱”“两”始终保持着1两=4锱=24铢的换算关系。(　　)

18. “刹那”“瞬间”“弹指”“罗预”“须臾”等是古代佛教用语中计量时间的单位。(　　)

19. 《汉书·食货志》中记载“黄金方寸其重一斤”，也就是说一立方寸的黄金重500克。(　　)

20. 在我国，“刻”作为时间计量单位古已有之，它来源于英语“quarter”的音译。(　　)

21. 史料记载，我国大约在清康熙九年（公元1670年）时开始逐步引入西方“HMS（时分秒）”的计时制度。(　　)

22. 成语“规矩准绳”中“规”“矩”“准”“绳”其实都是我国古代的测量器具。(　　)

23. 在我国古代度量衡领域被历朝历代奉为圭臬和典范的著作是《汉书 · 律历志》。(　　)

24. 我国是世界上最早发明卡尺的国家，法国是世界上最早提出游标卡尺原理的国家。(　　)

25. 我国古代刮平斗斛之类容器的板子称为“概”，俗称“斗趟子”。(　　)

26.《三国志》所载“曹冲称象”揭示了计量领域“等量替代法”的基本原理。(　　)

27. 宋代刘承珪造戥（等）秤两支，一支的量程为一钱半，另一支的量程为一两。(　　)

28. 目前我们所能见到的存世最早的戥秤，当属北京故宫博物院陈列的两支清康熙年间宫廷御用的戥秤。(　　)

29. 我国古代度量衡中“权”有时是指秤砣，有时是指砝码，但是据研究考证，“秦权”一般皆作砝码使用。(　　)

30. 漏刻是我国古代重要的计时工具之一，其中著名的“千章铜漏”属于“受水型浮箭漏”类型。(　　)

31. 漏刻是我国古代重要的计时工具之一，其中著名的“吕才刻漏”“沈括浮漏”“莲花漏”等都属于“受水型漏刻”。(　　)

32. 我国北宋时期发明建造的“水运仪象台”，其驱动系统中的“杠杆天衡装置”与欧洲17世纪出现的机械钟表的擒纵器在设计原理上非常相似，但它比欧洲人的发明早了六七个世纪，因此“水运仪象台”也被誉为“世界时钟之祖”。(　　)

33. 在我国古代的测量工具中，“规”是定方的工具，“矩”是正圆的工具。(　　)

34. 北京故宫太和殿门前陈列着两个古代计量装置，一个是新莽嘉量，另一个是赤道日晷。(　　)

35. 据史料记载，记里鼓车是在我国宋代时发明的。(　　)

36. 陀螺仪中的“万向支架”与我国古代“被中香炉”的

设计有类似之处。(　　)

37. 史料记载，我国最早的“以度审容”的标准器是“栗氏量”，但是原物已不存，现存世最早的“以度审容”的标准器是“商鞅铜方升”。(　　)

38. 史料记载，“伣”和“相风鸟”都是我国古代测量风向的专用工具。(　　)

39. 中国古人认识到“弦线”与湿度的关系，它是创制“肠线测湿计”的肇始。(　　)

40. 我国古人“县（悬）土炭”“悬羽与炭”等以炭测定空气湿度的方法实际上被认为是一种天平式“湿度计”的雏形。(　　)

41.《考工记》记载，“凡铸金（青铜）之状，金（赤铜）与锡，黑浊之气竭，黄白次之，黄白之气竭，青白次之，青白之气竭，青气次之，然后可铸也。”这句话实际揭示了“光测高温术”的基本原理。(　　)

42.《西溪丛语》记载的“日以莲子试卤，择莲子重者用之。卤浮三莲、四莲，味重，五莲尤重……”等内容，实际上是现代“浮子密度计”的前身。(　　)

43. 在《秦律 · 效律》的记载中有反映秦朝对“误差”的认识和相关规定的内容。(　　)

44. 我国古代发明的司南、指南针、指南车等都是用于指示方向的装置，原理基本相同。(　　)

45.“计量”一词在我国官方正式使用最早见于 1933 年 2 月 11 日国民政府公布的《汽车里程表及油量表改用公制推行办法》。(　　)

46. 被吴承洛先生誉为我国度量衡三大正史的史籍是《汉书 · 律历志》《隋书 · 律历志》及《宋书 · 律历志》。(　　)

47. 吴承洛先生所言我国古代度量衡的“三大正史”中，

被誉为“成其说者”的是《汉书·律历志》。(　　)

48. 古代计量的雏形是由“计数”开始的。(　　)

49. 我国的少数民族历史上也曾有自己独特的计量标准和单位，这些标准和单位往往源于他们的生产实践和生活需要，甚至以人体作为标准确定计量单位。(　　)

50. 我国古代采用“秤以格，斗以概”之法，这在一定程度上起到了保证公平交易的作用。(　　)

51.《权度法》规定的“甲”“乙”二制是指以“万国权度通制”为甲制，以“营造尺库平制”为乙制。(　　)

52. 国民政府于1929年颁布过《权度法》。(　　)

53.“儒略历”“格里历”都是阳历，现在国际上通用的公历即源于“格里历”。(　　)

54. 我国的传统历法实际是阴历。(　　)

55. 秦始皇统一全国后不仅“统一文字”“统一货币”“统一度量衡”，还“统一车轨”等。(　　)

56. 佛教寺院中住持僧人的居住面积一般为一平方丈，而古代称一平方丈为“方丈”，故用“方丈”指代住持僧人。(　　)

57. 我国大约在三国时期已出现了提系杆秤。(　　)

58.“称”和“秤”自古以来在我国汉语中就是两个不同意思的字，不能通用。(　　)

59. 1994年9月，原国家技术监督局等部门发布了《关于在公众贸易中限制使用杆秤的通知》，从此，杆秤开始逐步退出市场交易的历史舞台。(　　)

60. 我国古人将杆秤秤杆上的秤星用“南斗六星”“北斗七星”以及“福”“禄”“寿”等命名，并赋予了特殊的寓意。(　　)

61. 我国古代的衡制无一例外地均是执行1斤=16两，这个衡制一直沿用到1949年新中国成立。(　　)

62. 我国自秦汉以后朝廷专门设立了漏刻的管理机构并制

定了有关法规措施。（　　）

63. 我国古代一直执行着“晨钟暮鼓”的报时方法。（　　）

64. 我国古人采用的“干支”纪日法，作为官方纪日法一直沿用到 1949 年新中国成立。（　　）

65. 人到六十周岁时，被俗称为“花甲”，它源于中国古代纪年方式中天干和地支六十年一个轮回。（　　）

66. 在我国汉语中经常用到“乡里”“里弄”等词汇，源于“里”在我国古代井田制时期曾作为居住单位。（　　）

67. 我国古代衡制之所以“1 斤 =16 两”“1 两 =24 铢”，在《汉书 · 律历志》中可以找到依据，其载，“二十四铢而成两者，二十四气之象也；十六两成斤者，四时乘四方之象也”。（　　）

68. 我国古人对面积、体积的表述曾一度随长度命名而定，以长度之名直接命名面积、体积。（　　）

69.《周礼 · 地官 · 小司徒》载，“五人为伍，五伍为两，四两为卒，五卒为旅，五旅为师，五师为军”，这其中“伍”“两”“卒”“旅”“师”“军”等都是古代军队的编制结构，也是表示军队数量的计量单位。（　　）

70. 古人曾借用度量衡中的“规”“矩”“衡”“权”等来形象地类比中医上所讲的人在一年四季的不同脉象。（　　）

71. 史料记载，世界上第一个运用科学方法测量地球子午线的人是我国唐代的著名高僧一行。（　　）

72. 我国南北朝时期的科学家祖冲之采用“割圆术”在世界上首次将圆周率推算到小数点后七位，并得出圆周率准确值介于 3.1415926 和 3.1415927 之间，这个成就足足领先西方国家 1000 多年。（　　）

73. 我国南北朝时期的科学家祖冲之是历史上第一个明确指出刘歆“新莽嘉量”庣旁误差的人。（　　）

74. 2015 年 5 月 20 日，我国发行了新中国成立以来第一枚

计量专题纪念邮票，邮票的设计主要体现和反映了我国古代灿烂的度量衡科技和古代度量衡文化。(　　)

75. 清末“海关度量衡”的出现，进一步造成了当时我国度量衡管理的混乱。(　　)

【参考答案】

1. (√)；2. (√)；3. (√)；4. (×)；5. (√)
6. (√)；7. (×)；8. (√)；9. (√)；10. (√)
11. (×)；12. (√)；13. (√)；14. (√)；15. (√)
16. (√)；17. (×)；18. (√)；19. (×)；20. (×)
21. (√)；22. (√)；23. (√)；24. (√)；25. (√)
26. (√)；27. (√)；28. (×)；29. (√)；30. (×)
31. (√)；32. (√)；33. (×)；34. (×)；35. (×)
36. (√)；37. (√)；38. (√)；39. (√)；40. (√)
41. (√)；42. (√)；43. (√)；44. (×)；45. (√)
46. (×)；47. (√)；48. (√)；49. (√)；50. (√)
51. (×)；52. (×)；53. (√)；54. (×)；55. (√)
56. (√)；57. (√)；58. (×)；59. (√)；60. (√)
61. (×)；62. (√)；63. (×)；64. (×)；65. (√)
66. (√)；67. (√)；68. (√)；69. (√)；70. (√)
71. (√)；72. (√)；73. (√)；74. (×)；75. (√)

◎ 古代计量的标准与单位

我们的祖先在长期的生产生活实践中，在与自然界的和谐相处和对其改造中，创造了分、寸、尺、丈、引……龠（yuè）、合（gě）、升、斗、斛（hú）……铢、两、斤、钧、石……以及年、月、日、时、刻等等计量的标准和单位。特别是《汉书 · 律历志》中收录了王莽时期刘歆等典领条奏“审度”“嘉量”“衡权”的主要内容，记载了我国古代计量尤其是度量衡单位、量值、标准的科学导出体系，它被后世奉为圭臬（niè），被誉为“世界古代计量发展史上科学文明的奇葩”。

■“蚕丝”“粟”“黍”等自然物与古代度量衡标准有何关系？

谈中国计量不得不溯源到中国古代计量，谈中国古代计量又不得不看重其主体“度量衡”。度量衡标准的选择，中国古人经历了由自然物标准到人造物标准的变化，吴承洛先生在其所著《中国度量衡史》中曰，“中国历代所取以为度量衡之标准者，大别之有二类。其一，取自然物以为标准者……。其二，取人为物以为标准者……”

“取自然物以为标准者”，以丝、毛、粟、黍等为标准。如《孙子算经》载，度“蚕所吐丝为忽，十忽为秒，十秒为毫，十毫为厘，

十厘为分”；量“六粟为一圭，十圭为一撮”；《说文解字》曰，衡“十黍为累，十累为铢”，这其中“蚕丝”“粟”“黍”均为自然物。可见，“蚕丝”“粟”“黍”在我国古代度量衡标准的探索过程中，曾经被作为早期的计量标准使用过。其实“取自然物以为标准者”，除了“蚕丝”“粟”“黍”外，更直接的是“以人体为则”。《史记 · 禹本纪》载，禹“身为度，称以出”，即确定以大禹的身高为尺度标准、体重为重量标准，这样才能像《管子》所载的那样“商九州之高”，像《史记 · 夏本纪》所载的那样“通九道、陂九泽、度九山”；在《孔子家语》中记载的“布指知寸、布手知尺、舒肘知寻”等也都是借助人体取得测量标准的记述。不过，现在看来，以人体或其他自然物为计量标准存在着很大的不确定性，正如吴承洛先生所云，“体因人而异，丝则有粗细，均不足为校验之用”。

吴承洛先生还提到了“取人为物以为标准者”。“取人为物以为标准者”大致有三种类型，即“一曰，以律管为则……二曰，以圭璧为则……三曰，以货币为则”。“以律管为则”，如《史记 · 律书》记载，“王者制事之法，物度轨则，壹禀于六律。六律为万事根本焉”；“以圭璧为则”，如《考工记 · 玉人》记载，“璧羡度尺，好三寸，以为度”；“以货币为则”，如“大泉径一寸二分，重十二铢”等。直到清宣统元年（公元 1909 年），当由国际权度局用铂铱合金制造的营造尺和库平砝码原器以及副原器运抵中国时，可以说中国才有了最早的高精度的度量衡基准器[1]。

1　关增建．计量史话[M]．北京：社会科学文献出版社，2012：61．

古时计量单位曾来自于人体吗？

人们早期的测量活动多是借用人体来测定一个量的标准的，《说文解字》载，“寸、尺、咫（zhǐ）、寻、常、仞诸度量，皆以人体为法”，这也是吴承洛先生所言的度量衡早期标准中的“以人体为则”。

《史记·夏本纪》载，大禹治水“身为度，称以出”，此所谓以大禹的身高为尺度标准，以其体重为重量标准，据传说最初“丈”这个长度单位就是以大禹的身高来定义的。《小尔雅》曰，“一手之盛谓之溢，两手谓之掬，掬，一升也”，这就是说人两只手捧的量即为一升的容量。《小尔雅·广度》曰，“跬（kuǐ），一举足也；倍跬谓之步”，即人单脚迈出一次为跬，双脚相继迈出为步，而且《辞海》对此有进一步注解，“步，用为长度单位，历代不一，周代以八尺为步，秦代以六尺为步，旧制以营造尺五尺为步”。《孔子家语》记，“布指知寸，布手知尺，舒肘知寻”，这是指用人的手指确定“寸”的长度；人舒展双臂确定“寻”的大小。但是对“布手知尺”的理解有不同的说法。《说文解字》进一步注解，“人手却十分动脉为寸口，十寸为尺”；丘光明先生在《中国物理学史大系（计量史）》一书中给出了“布手知尺”的图和文字解释，“中等身高人体拇指指尖至食指指尖间一拃（zhǎ）的长度”，这与吴承洛先生《中国度量衡史》中给出的“布手知尺”的解释“盖用手拇指与中指一叉相距，谓之一尺”有所不同；1975年日本东京都计量检定所出版的《东京の计量100年》中给出的从中国传入的“布手知尺”的解释与吴承洛先生的说法基本一致。《礼记·投壶》载，“筹，室中五扶，堂上七扶，庭中九扶”，《韩非子·扬权》记，“故上失扶寸，下得寻常”。这其中的“扶”就是古代以人体为度法和长度计量单位的另一个例子，《辞海》载，人“并四指的宽度为一扶，一指为寸，一扶四寸”；何休注，“侧手为膚（fū，扶），案指为寸”。

“以人体为则”确定早期的计量单位和标准，不仅中国如此，外国也同样如此。古埃及以指尖至肘的间距定作一个长度单位，称为“肘尺”或“腕尺”，有学者根据公元前1500年古埃及使用的两种肘尺测算，肘尺大约长度在50厘米上下；埃及著名的胡夫金字塔就是以法老胡夫的肘尺为标准修建的，据测塔高为300肘尺，约合现在的147米。古希腊以美男子库里修斯伸开双臂时，两手指尖的距离定为一个长度单位“㖊（xún）”，这类似于中国的“舒肘知寻”。古俄罗斯用人体各部位的比例定出长度单位，比如“肘长”和“拃长”，肘长大约合当时俄丈的1/4；拃长与中国的“布手知尺”相类似，大约合当时俄丈的1/8。公元1531年德国《几何学》中的木刻图绘制出了16个人挤在一起的情形，后一人脚尖碰前一人脚跟，这16个人脚挨着脚的总长度被确定为一个长度单位，称为“一杆”；德国人还曾经将最先走出教堂的16名男子的16只左脚长度之和的1/16定为“一尺”。英国以其国王埃德加（公元959年—公元975年在位）的拇指关节长度定为一个长度单位，称为“吋[2]（cùn）”，也就是“英寸”，《辞海》注，“1英寸=2.54厘米”；英王还以自己

2 为了避免英制的“英尺”“英寸”与中国的营造尺之“尺”“寸”等混淆，特意造出“呎”“吋”表示英尺、英寸。1977年7月20日中国文字改革委员会和国家标准计量局发出通知，不再使用“呎”“吋”表示英尺、英寸。

的脚的长度确定了一个长度单位，被称为“呎（chǐ）”，即“英尺”，所以英语中“英尺”和“脚”是同一个单词“foot”，而“尺子”和“统治者”在英语中也是同一个单词“ruler”，《辞海》注，“12 英寸 =1 英尺，1 英尺 =30.48 厘米”；英国还曾以亨利一世（公元 1100 年—公元 1135 年在位）的鼻至食指之间的距离定为一个长度单位，被称为“码”，《辞海》注，“3 英尺 =1 码”；另外，英国还沿用古罗马军事统帅凯撒以军队行军时每走二千步为“哩（lǐ）”确定了长度单位“英里”，《辞海》注，“1 英里 =5280 英尺 =1760 码”……谈到外国的计量单位，还要顺便提一下大家熟悉但不一定理解的日本特有的单位“榻榻米”，“榻榻米”虽然不是以人体为标准确定的计量单位，但它与日本人的生活密切相关，“（人）站的时候半榻榻米，（人）睡的时候一榻榻米”，“榻榻米”是一个约定俗成的面积单位，“一个榻榻米”的面积约合 1.62 平方米，当然在日本不同的地方，“一榻榻米”的面积也会有所差异[3]。

不过现在看来，先人们依靠肢体确定的尺度、容量、重量等计量标准，其量值很不准确且与当今的量值早已大相径庭，但它毕竟是早期计量、测量活动可溯及的重要起源。

■ 我国古代的“璧羡度尺”是尺吗？

天津计量博物馆中陈列着一块用岫（xiù）岩玉制作的环形玉璧，据该博物馆介绍，此乃复制的“璧羡度尺”。那么什么是“璧羡度尺”呢？它与古代度量衡又有什么关系呢？

《周礼》记载，“典瑞璧羡以起度，玉人璧羡度尺，好三寸，以为度”，其大致意思是：朝廷作信物用的玉璧，形状为圆

3 （日）伊藤幸夫，寒川阳美．不可忽视的计量单位[M]．广州：南方日报出版社，2012：52.

形，中间的圆孔称为“好”，其直径为三寸；其中，“典瑞”是当时主管玉璧的官职；“玉人”是指当时制作玉璧的工匠。郑玄注，“好，璧孔也，《尔雅·释器》曰，‘肉倍好谓之璧’。”所谓“肉”是指玉璧的外环，外环“肉”是“好”的两倍，所以“好”三寸，外环即为六寸，进一步可知道整个玉璧的直径为九寸——“好”三寸加上外环“肉”六寸等于九寸。

有资料显示，“璧羡度尺”被我国东周齐国用作尺度，实际上提供了我国古代一种度量标准，成为当时天子的“量物之度”，正如《律吕新书》中曰，“此璧本圆径九寸，好三寸，肉六寸，而裁其两旁各半寸，以益上下。其好三寸，所以为璧；裁其两旁，以益上下，所以为羡；袤（mào）十寸，广八寸，所以为尺度。”不过，东周齐国从春秋到战国时期大约二百多年间的尺度和容量均有所变迁，尺度每尺从 19.7 厘米至 20.3 厘米增长到 23.3 厘米，容量也从每鬴（fǔ）13120 毫升增长到 20460 毫升[4]。

■“营造尺、量天尺、裁衣尺、鲁班尺”都是什么尺？

吴承洛先生将我国古代的尺度大致划分为三类：一则“法定尺”，其言“度之制，生于律，因考律而定尺，是为历朝定制，即律用尺”；二则“木工尺”，其言“周代建筑事业发达，

4 艾学璞，王立新，邱隆．“璧羡度尺”及其尺度[M]// 国家质检总局计量司．计量史话．北京：中国计量出版社，2010：59.

自是木工建造所用之尺，也称鲁班尺”；三则“衣工尺”，其言“衣之工曰裁缝，其所用之尺，另为一系统”。曾武秀在《中国历代尺度概述》中将中国历代尺度大致分为“常用尺度”和“律尺”，“律尺”与吴承洛先生所言“法定尺”应基本属于同一概念。

关于“律尺”。《史记·律书》载，“王者制事之法，物度轨则，壹禀于六律。六律为万事根本焉。”古人在实践中认识到音律的高低与律管的长短有密切关系，而有固定音高的律管，其长度也不变，“黄钟”律乃十二律之首，“宫”音乃宫、商、角、徵(zhǐ)、羽五音之首，《吕氏春秋·适音》载，“黄钟之宫，音之本也，清浊之中也。中也者，适也。”因此古人将能演奏“黄钟之宫”的律管长度作为“万世不变”的检验尺度的标准，所谓律尺也正是基于此。

表 1　中国历代尺度一览表[5]

朝代	西周[6]	秦	汉	唐	宋	元	明	清
合“厘米”	19.7	23.1	23.1	30.6	31.4	35	32	32

关于“常用尺度”。表 1 中所列尺度为历朝历代的常用尺度。其中，唐代 30.6 厘米的尺度属于“唐大尺”——吴承洛先生言，“唐代谓鲁班尺为大尺”。《唐六典·尚书户部》曰，“凡度，以北方秬（jù）黍中者，一黍之广为分，十分为寸，十寸为尺，一尺二寸为大尺”，故唐大尺 30.6 厘米即为“一尺二寸”。“一尺二寸”中的“尺”指唐小尺，而唐小尺只限于“调钟律测晷（guǐ）影，合汤药及冠冕之制”，除此一般都用“大尺”，所谓“公私悉用大者”。明清时期，常用尺度分为“营造尺”“裁衣尺”“量地尺”。其中，营造尺“惟车工之尺最准”由木工尺

5　邱隆．中国历代度量衡单位量值表及说明[M]∥国家质检总局计量司．计量史话．北京：中国计量出版社，2010：46-47.
6　吴慧．新编简明中国度量衡通史[M]. 北京：中国计量出版社，2006：32-33.

而来，长度约合32厘米，吴承洛先生认为清营造尺尺度乃“清康熙躬亲累黍，以横累百黍为律尺，纵累百黍为营造尺[7]”；裁衣尺，《大清会典》载，“营造尺一尺，裁衣九寸”，故约合35.56厘米；量地尺，明代朱载堉《律吕精义》记，“当衣尺之九寸六分”，故约合33.98厘米。

在我国古代的尺度中还有一种尺被称为“量天尺”。量天尺是古代天文用尺，一般认为是圭表的“圭”所用的尺度，其尺度到宋代一直沿用隋唐时期的“小尺”尺度，清乾隆九年（公元1744年）则将圭表的“表”由“八尺之表”改为一丈，相应的“圭”遂改为营造尺尺度[8]，现存南京紫金山天文台的铜圭表即是实证。

■ 我国古代的“尺”和“咫”有何区别?

我国古代度量衡单位及其标准的创立，自夏、商、周到秦汉，大致经历了从“直观感知”“假借器物测量”到“创造出专用度量衡器具”的过程。最初人们在生产实践活动中，从依靠自身的眼、手、脚等器官来判别事物的数和量、长和短、大和小，逐渐发展到用人体的某一部位与外界进行比较、测量。如《史记·夏本纪》中记载了大禹治水进行实地调查和测量以及产生最早度量衡标准的情况，禹“左准绳，右规矩，载四时以开九州，通九道，陂九泽，度九山”，禹“声为律，身为度，称以出”等。

以人体的“直观感知”确定早期度量衡标准，《说文解字》记载的“寸、尺、咫、寻、常、仞诸度量，皆以人体为法”足以说明这一点。“布手知尺”就是在这样的背景下应运而生的，

7　吴承洛．中国度量衡史（民国沪上初版书复制版）[M]．上海：三联书店，2014：25．

8　伊世同．量天尺考[C]// 河南省计量局．中国古代度量衡论文集．郑州：中州古籍出版社，1990：282．

《大戴礼记》曰，“布指知寸，布手知尺，舒肘知寻，十寻而索；百步而堵，三百步而里，千步而井”等。在《说文解字》中对“布手知尺”的“尺”是这样描述的，“人手却十分动脉为寸口。十寸为尺，所以指尺规矩事也。”

不过“布手知尺”仅限于男子进行的“布手”操作；女人进行“布手”操作时“尺”的长度一般比男子“布手”形成的“尺”小。所以为区分男女“布手”形成的“尺”的不同量值，特规定女人布手长度为“咫”，正如《说文解字》中记载，“中等妇人之手八寸为咫”，《辞海》标注了“咫”的量值，即“咫，周制八寸”。

■“百步穿杨”中的“百步”有多远？

成语“百步穿杨”原意是指能射中百步以外的杨柳叶子，形容箭法、枪法、技艺等非常高明和精湛，它出自《战国策·西周策》，“楚有养由基者，善射；去柳叶百步而射之，百发百中。”那么百步穿杨的“百步”到底有多远呢？

要了解“百步”的距离，其核心当然是其中的“步”。随着社会发展和生产的需要，如何测量田地对于农业生产活动来说至关重要，于是古人发明了以“步”为依据的测量方法。《中国度量衡史》载，“计地之边，其步指长度；计地之积，其步指面积”；《穀梁传》曰，“古者，三百步为里”“二百四十步为亩”。当然，“百步穿杨”的“步”必然指的是长度。那么，如何计量“步”的长短呢？先秦时期的商鞅指出，“举足为跬，倍跬为步”，也就是说单脚迈出一次为“跬”，双脚相继迈出为“步”。《小尔雅·广度》也载，“跬，一举足也；倍跬谓之步”，即1步=2跬。但这是以“人体为则”确定的“步”的大致标准，对于“步”的具体量化，《辞海》注，“步，用为长度单位，历代不一。周代以八尺为步，秦代以六尺为步，旧制以营造尺五尺为步。”唐代以前通常“以六尺为步”，唐代及以后则以“五尺为步”。

了解了“步”的概念，再看“百步穿杨”的“百步”。“百步穿杨”描写的是战国时楚国养由基的故事，当时一尺约合23.1厘米[9]，按照“六尺为步”推算，即一步为“6尺×23.1厘米”，约合138.6厘米，故“百步”约合13860厘米即138.6米。可见，古人在大约140米开外能用弓箭射中树叶，这真是技艺精湛啊！

■“一片孤城万仞山”中“万仞”有多高？

我们都曾读过唐代大诗人王之涣的《凉州词》，“黄河远上白云间，一片孤城万仞山。羌（qiāng）笛何须怨杨柳，春风不度玉门关。”现如今流行的国学讲座中也经常会有这样一道是非题，“‘一片孤城万仞山’中的‘仞’是我国古代的长度单位吗？”没错！“仞”确实是我国古代的长度单位，但它不是《汉书·律历志》中所讲的“五度”基本单位，《中国度量衡史》中

9　此处1尺的尺度暂取战国秦的尺度，即1尺约合23.1厘米。

这样描述，“仞似为尺度以外之制，然其标准取则人体，只能认为（仞）是度制中之另一实用单位可也。”不过，这些不影响我们探究“仞”到底有多长。

关于“仞”的标准长度，向来众说纷纭，争论的焦点围绕着一仞合“四尺”还是“八尺”。说法一，一仞等于八尺。《说文解字》中记载，“仞，伸臂一寻，八尺”，商务印书馆出版的《现代汉语词典》注解，“仞，古时八尺或七尺叫做一仞”，可见一仞等于一寻，约合周制八尺、汉制七尺。清代陶方琦在《说文仞字八尺考》中认为，“所用周尺也，故主八尺之说。所用汉尺也，故主七尺之说。”周时尺度一尺约合 19.7 厘米，“八尺”大致为 157.6 厘米；汉代尺度一尺约合 23.1 厘米，“七尺”则大致为 161.7 厘米。在“一仞为成人两臂平伸时两手指尖之距离”这个大前提下，“八尺或七尺叫做一仞”符合逻辑。说法二，一仞等于四尺。《孔丛子》记载，“四尺为之仞”，即一仞等于四尺，二仞与一寻相等。如果在“人的一臂距离是仞”这个前提下，“四尺为之仞”也还算合理。但是一仞到底是八尺还是四尺呢？上述两种说法似乎都有道理，我们再找一个佐证，《礼记·祭义》云，“筑宫仞有三尺”，若按一仞为四尺的说法，“仞有（又）三尺”就应该是七尺，可是宫殿怎么会只有七尺（不足 1.7 米）高呢？显然这不符合逻辑。所以一仞约合七尺或八尺的说法是比较站得住脚的。

如果我们一定要探究“万仞”有多高，那就是“七八万尺”高，“一片孤城万仞山”诗句出自唐代，我们就姑且取唐代尺度中的大尺尺度，一尺约合 30.6 厘米，那么“七八万尺”就是 2.1420 万米至 2.4480 万米；即使不按照唐代的尺度，就取一仞为“成人两臂平伸时两手指尖之距离”1.61 米测算，万仞也是 1.61 万米。无论用什么尺度测算，有点常识的人都知道当今世界最高峰的珠穆朗玛峰也只有八千多米高，显然诗句中的“万仞山”是典型的夸张修辞手法。

■“退避三舍”是后退三间房子吗？

《左传·僖公二十三年》中有这样的记述，“若以君之灵，得反晋国，晋楚治兵，遇于中原，其辟君三舍”，成语“退避三舍”也正出自于此。我们知道“舍”在现代汉语中被解释为“居住的房子”，“退避三舍”是后退三间房子进行躲避吗？当然不是。那么这里所讲的“舍”是什么意思呢？

其实，“舍”在“退避三舍”成语中是指我国古代长度计量的单位，它正如明代冯梦龙在《东周列国志》第三十五回中所言，“按行军三十里一停，谓之一舍，三舍九十里。”古代行军计量里程以三十里为一舍，即一舍等于三十里。当然，由于历朝历代尺度的不一致，“里”的实际长短也有不同。“退避三舍”成语出自春秋时期，当时尺度一尺约合 19.5 厘米至 20 厘米，如按照“六尺为步”“三百步为里”推算，“1 舍 =30 里 =9000 步 = 54000 尺”，约在 10.53 公里至 10.8 公里之间，故“三舍”约为 31.59 公里至 32.4 公里之间。

所以，成语“退避三舍”原意是指军队主动退让九十里，后来这个成语用来比喻不与人相争，主动退让或回避，以避免冲突。

■“一小撮”到底是多少？

我们日常用语中经常会用到“一小撮”这个词。毛泽东主席在《国民党反动派由“呼吁和平”变为呼吁战争》一文中说，“一小撮死硬派不要几天就会从宝塔尖上跌下去，一个人民的中国就要出现了”，这里用“一小撮”来形容人数极少，而且多用于贬义。“一小撮”之所以形容数量少，是因为“撮”乃中国古代度量衡容量的小单位。“撮徒成党”之“撮”也是应用了“撮”作为古代容量计量单位的引申义。

“撮”作为度量衡的容量单位，最早源于“三指为撮”，即源于以人体为计量标准时期以拇指、食指、中指三指抓物之量制定的古老计量单位，成语“撮盐入火”的“撮盐”即指人用三个指头捏取的盐量。以自然物为计量标准时，“撮”同样是容量单位，如《孙子算经》曰，“量之所起，起于粟，六粟为一圭，十圭为一撮”。

根据紫溪在其所著《古代量器小考》文中记载，现藏于中国国家博物馆的新莽时期的量器“始建国撮”，其容量相当于现在的二毫升，当时名为“一撮”。《汉书·律历志上》记载，“度长短者不失豪氂，量多少者不失圭撮”；《辞海》注，“按六十四黍为圭，四圭为撮”；《说文解字》注，“撮，四圭也”。“量多少者不失圭撮”语出汉代，故用汉代的容量标准来推算“撮”的大小：汉代的量制一斛等于十斗，一斗等于十升，一升等于十合，一合等于二龠，一龠等于五撮，一撮等于四圭；汉时的一升约合现今二百毫升，故当时一圭约合零点五毫升，一撮约合二毫升。

民国时期颁布的《度量衡法》将“撮”作为法定单位，该法第四条“标准制之名称及定位法”中规定：标准制容量单位有“公秉、公石、公斗、公升、公合、公勺、公撮”；第六条“市用制之名称及定位法”中规定：市用制容量单位有“石、斗、升、合、勺、撮”；根据《度量衡法》第五条“容量以公升为市升”的规定，无论是“公撮”还是“市撮”其容量相同，均为一升的千分之一，即民国时期一撮等于一毫升[10]。

分析下来，无论“三指为撮”也好，汉时一撮约合二毫升也好，还是民国时期规定一撮等于一毫升也好，“撮”自古以来都是度量衡容量计量的小量值单位，毛主席用“一小撮”来形

10 吴承洛．中国度量衡史（民国沪上初版书复制版）[M]．上海：三联书店，2014：339-350．

容极少数“死硬派”，确实非常形象、准确、生动。

■“夜半钟声到客船”的“夜半”到底是几点？

“月落乌啼霜满天，江枫渔火对愁眠。姑苏城外寒山寺，夜半钟声到客船。”这是唐代大诗人张继所写的脍炙人口的著名诗篇《枫桥夜泊》，它精确而细腻地讲述了一位客船夜泊者对江南深秋夜景的观察和感受，勾画了月落乌啼、霜天寒夜、江枫渔火、孤舟客子的景象，有景有情有声有色。在欣赏这首诗的同时，是否有人会探究诗中“夜半”的准确含义呢？目前所见的很多资料中都将“夜半”笼统地解释为“夜已经很深了”或者解释为“深夜之时”等。但是按照我国古代的计时制度，“夜半”是有明确时间（时辰）相对应的（见表2），诸如此类的还有如《孔雀东南飞》中“奄（yān）奄黄昏后，寂寂人定初”的“黄昏”和“人定”等。

表2 时辰、更与现在时间对应表

现在时间	23点~1点	1点~3点	3点~5点	5点~7点	7点~9点	9点~11点	11点~13点	13点~15点	15点~17点	17点~19点	19点~21点	21点~23点
更	三更	四更	五更								一更	二更
十二时辰	子	丑	寅	卯	辰	巳	午	未	申	酉	戌	亥
十二时	夜半	鸡鸣	平旦	日出	食时	隅中	日中	日昳	晡时	日入	黄昏	人定

中国古代普遍采用把一昼夜分为十二时辰的计时制度，这种计时制度源于古人对太阳运动的认识，人们把太阳在空中的运行轨迹均匀分为十二份，每一份对应一个方位，每一个方位对应一个时辰，每一个时辰约合两个小时，分别用“子、丑、寅、卯、辰、巳、午、未、申、酉、戌、亥”等十二地支来表示。一夜分为五更，每更大致对应一个时辰，其中“戌时”为一更即19点至21点，“亥时”为二更即21点至23点，“子时”为三更即23点至凌晨1点，“丑时”为四更即凌晨1点至凌晨3点，“寅时”为五更即凌晨3点至凌晨5点。除了十二时辰计时制外，古人还使用“十二时计时法”，十二时计时与十二时辰计时是一一对应的，即“日出”对应“卯时”，“食时”对应“辰时”，“隅（yú）中”对应“巳时”，“日中”对应“午时”，“日昳（dié）”对应“未时”，“晡时”对应“申时”，“日入”对应“酉时”，“黄昏”对应“戌时”也对应“一更”，“人定”对应“亥时”也对应“二更”，“夜半”对应“子时”也对应“三更”，“鸡鸣”对应“丑时”也对应“四更”，“平旦”对应“寅时”也对应“五更”[11]。了解了我国古代的计时制度和时段的划分，我们就不难知晓《枫桥夜泊》中“夜半钟声到客船”的“夜半”是指大约23点至凌晨1点这个时段，对应“子时”；也不难知道《孔雀东南飞》中“奄奄黄昏后，寂寂人定初”的“黄昏”和“人定”分别对应着大致19点至21点以及21点至23点这两个时段。

另外，我们在日常生活中经常会把“到单位照个面”或“到指定地点晃一下”俗称为“点卯”，这个词古已有之，也与“十二时辰计时法”有关，“卯”即指卯时。只不过古代的“点卯”与现在的意义略有差异，我国古代一般规定皇帝于每天卯

11 卞孝萱.《孔雀东南飞》诗中的时刻问题[J]. 许昌师专学报（社会科学版），1989（3）：31.

时早朝，文武百官必须在卯时上朝，俗称“点卯”，没有哪个大臣敢无故“过卯”。

■“腰缠万贯”中的“万贯”真的是很多钱吗？

有个猜成语的谜语，谜面是“金银钱财做皮带”，谜底很多人都能马上猜出来——“腰缠万贯”。“腰缠万贯”成语出自《小说 · 吴蜀人》，“有客相从，各言所志，或原为扬州刺史，或原多赀财，或原骑鹤上升。其一人曰：‘腰缠十万贯，骑鹤上扬州。’欲兼三者。”我们都知道“腰缠万贯”一般用来比喻钱财极多，家境富足。那么我们再深入研究一下，“万贯”到底是多少钱呢？

首先要了解“贯”。“贯”是形声字，以贝为其形，毌（guàn）为声。在甲骨文中，“毌”是贯穿物体以方便携带之意，中间一竖代表古钱币或代表“物中之缝隙”。“贯”的本意为穿钱之绳，如《说文解字》载，“贯，钱贝之贯也”；《史记 · 平准书》记载，“京师之钱累巨万，贯朽而不可校”；《后汉书 · 翟酺（pú）传》记载，“至仓谷腐而不可食，钱贯朽而不可校”。“贯”也是“千钱为贯”之意，如《魏书》中记载，“食邑五百户，赐钱一万贯”；《金史》中记载，“兴定元年二月，初用贞祐通宝，凡一贯当贞祐宝券千贯”；《现代汉语词典》注，“贯，旧时的制钱，用绳子穿上，每一千个叫一贯。”由此，“腰缠万贯”从字面理解，是“1000 个钱币”乘上“10000 贯”，至少拥有 10000000 个钱币，表示“很有钱”。

其次，我们知道历代钱币的质量、材质等不尽相同。我们不妨从铜钱、白银、黄金之间的兑换关系来考量“万贯”到底是多少钱！有资料记载，明朝洪武八年（公元 1375 年）发行了纸制“大明通行宝钞（fāng）”，面额为“壹贯”。当时，“壹贯”可换铜钱1000枚，“壹贯”也等价于白银1两或黄金1/4两，即“壹贯=1000枚铜钱=1两白银=1/4两黄金”。由此推算，当时的“万贯”最终等于黄金2500两，即“万贯=10000两白银=2500两黄金”。但是铜钱、白银和黄金之间的兑换比例关系不是一成不变的，也就是说铜钱、白银、黄金之间的“汇率”会发生变化。比如：清道光初年，一两白银换一千文铜钱；到了道光二十年鸦片战争的时候，一两白银可换一千六七百文铜钱；到清咸丰时，一两白银则已经可换两千二三百文铜钱之多。

我们还可以通过分析一定历史环境条件下的购买力来估算“万贯”值多少钱。明末清初叶梦珠在《阅世编》里有这样的记载，“顺治八年江浙大米每石十贯”。在我国古代“石”既是容量单位也是重量单位，严格意义上讲，宋代以后“石”主要作为容量单位在使用。不过，如果按照容量单位推算重量，无疑要涉及米的密度问题，有了密度方可计算出“一石米”的重量。为了方便说明问题，在此我们不妨按照“石”为重量单位时“1石=120斤”来推算，清代时一石米为清斤120斤，当时1斤约合现在596.8克，一石也就相当于现今143.2斤，若我们按照现在大约五元钱一斤米推算，当时的“万贯”可购置1000石米，也就是相当于可购置14.32万斤米，14.32万斤米按照现在的大致价格则需要约72万元才能买到，由此我们可以粗略推算“一万贯”相当于现在72万元的购买力。

■“石”是重量单位还是容量单位？

商务印书馆1979年9月出版的《古汉语常用字字典》中注，“石，shí，容量单位”；《现代汉语词典》注，“石，dàn，容量单位，在古书中读shí”。由此我们不难知道，“石”为度量衡的容量单位，其实，“石”最早是度量衡的重量单位。

“石”作为重量单位。根据《汉书·律历志》所载，“权者，铢、两、斤、钧、石也，所以称物平施，知轻重也。本起黄钟之重，一龠容千二百黍，重十二铢，两之为两。二十四铢为两，十六两为斤，三十斤为钧，四钧为石……五权之制。”因此，“石”在我国古代本是权（重量）的单位而且是“五权”之一的基本单位，一石等于120斤。

“石”作为容量单位。战国时期，“石”与“斛”是同一容量单位的两个不同的名称[12]，当时一石等于一斛。《说文解字》载，“斛，十斗也”，通常一斗又等于十升，因此“1石=1斛=100升”。“石”作为容量单位在历代均有史料记载，如《史记·滑稽列传》载，“饮一斗亦醉，一石亦醉”；《汉书》载，“泾水一石，其泥数斗”；《释常谈》载，“《南史·谢灵运传》曰：天下才共一石，曹子建独得八斗，我得一斗，自古及今共用一斗”等。宋代以前，一石即为一斛，为十斗之量。宋代时改革量制，虽仍以十斗为一石，但改五斗为一斛，正如《正字通》中的记载，“斛，今制五斗曰斛，十斗曰石”。从宋代起，容量单位中“石”就正式剥夺了“斛”的地位，并且《宋史·食货志》记载，宋代时规定“凡岁赋，谷以石计”，当然自此以后“石”也就彻底退出了衡制[13]，而且这一量制一直沿用到近代[14]。我们知道，我国历朝历代“升”的量值并不一致，“石”的实际容量当然也会随历朝历代“升”的量值不同而发生变化。

另外，“石”在历史上不仅是重量和容量的单位，它也是我国古代官阶的名称，还是官员俸禄的计量单位。秦汉至魏晋南北朝时期，官阶等级采用“秩石制”（见表3），如《乐府射鸟辞》

---

12 丘光明．中国古代度量衡[M]．北京：中国国际广播出版社，2011：143．

13 万国鼎．秦汉度量衡亩考[C]//河南省计量局．中国古代度量衡论文集．郑州：中州古籍出版社，1990：108．

14 邱隆．唐宋时期的度量衡[C]//河南省计量局．中国古代度量衡论文集．郑州：中州古籍出版社，1990：340．

中曰，“陛下寿万年，臣为两千石”。当时秦以“石”为称量粮食较大的容器；也以“石”为当时官阶的等级，如“二千石”“万石”“四百石”等，并以“石”前数字大者为尊，由此我们不难想到这恰是有点借量制单位来指代官阶越高获得的俸粮俸禄也就越多之意。比如，秦时二千石官员每月俸谷一百二十斛，万石官员每月俸谷三百五十斛——“斛”也是俸禄的计量单位，如东汉时顶层官员年俸禄三百五十斛，底层官员仅为八斛，俸差43.7倍[15]。明代时官员们的俸禄以“石”计量，当时顶层官员年俸禄米一千四百四十石，底层官员年俸禄米六十石[16]。

表3　秦代地方官制简表

部门	主要职官	品级（秩）
郡	郡守 郡尉 郡丞 ……	二千石 比二千石 六百石 ……
县	县令 县丞 ……	千石至六百石 四百石 ……

■ 我国古时“半斤”为什么等于“八两”？

宋代《建中靖国续灯录》中有这样的表述，“踏着秤锤硬似铁，八两元来是半斤”，它的核心是说“半斤”等于“八两”。我国古代一直采用十六两为一斤的衡制，半斤自然等于八两。

有人又会问为什么我国古代采用十六两一斤的衡制呢？查阅各种资料，大体有三种说法。其一，我国古人用“四时”指时间

15　王军．中国历史上俸禄制度研究及启示[J]. 经济参考研究，2003（83）：4，8.
16　王军．中国历史上俸禄制度研究及启示[J]. 经济参考研究，2003（83）：4，8.

上的一年四季，用“四方”指空间上的东西南北，为了体现“四时乘四方”覆盖所有时空的含义，取“四四十六”，故按照十六进制确定衡制为十六两一斤，此即《汉书·律历志》所云，“十六两成斤者，四时乘四方之象也。”《淮南子》中也有类似的记载，“天有四时，以成一岁，因而四之，四四十六，故十六两而为一斤。”其二，传说秦始皇统一全国后，丞相李斯向秦始皇请示衡制标准，而秦始皇只写了四个字——“天下公平”，李斯百思不得其解，但后来他发现秦始皇写的四个字的笔画正好是十六画，故定衡制十六两为一斤。当然，这个仅为传说，说之听之而已。其三，传说古人用“北斗七星”“南斗六星”以及“福”“禄”“寿”三星共十六颗星标识秤杆，故定衡制十六两一斤。此说不足为信，因为秦时已有“一斤十六两”的衡制，但提系杆秤到三国时期才出现，这个传说完全陷入“先有鸡还是先有蛋”的问题。

“斤”“两”均为我国古代衡制的基本计量单位，正如《汉书·律历志》载，“权者，铢、两、斤、钧、石也，所以称物平施，知轻重也。”秦统一度量衡后规定一斤等于十六两，《汉书·律历志》也载，“二十四铢为两，十六两为斤，三十斤为钧，四钧为石……”，这个十六两制在我国封建社会一直沿用，不过历朝历代“两”的量值并不一致。当然相对于十六两秤还是有例外的：宋朝李照制造的“水秤”，用水的比重作为重量的自然物质标准，弃用“容黍定重”的祖制，水秤确定的是十进制即一斤等于十两，《宋会要》记载李照水秤“以一合之水重一两，一升之水重一升（斤），一斗之水重一秤（十斤）”，遗憾的是碍于封建守旧思想的禁锢，这项十进制的衡制创新并未得到推广。

再回到成语“半斤八两”，前文说过其核心在于“半斤”和“八两”二者相等，它出自宋代，宋代衡制一两约合 40 克至 41.3 克，故当时半斤和八两约合 320 克至 330.4 克上下。新中国成立后，1959 年国务院发布《关于统一计量制度的命令》，规定在全国范围内推广米制，保留市制，十六两一斤改为十两一斤，至此，沿袭两千多年的十六两秤才改成一斤等于十两的十进制秤。不过，现在“斤”“两”之类的市制单位也已废除，而统一采用国际法定计量单位“千克”。

■ 有个问题叫：一斤苹果多少“钱”？

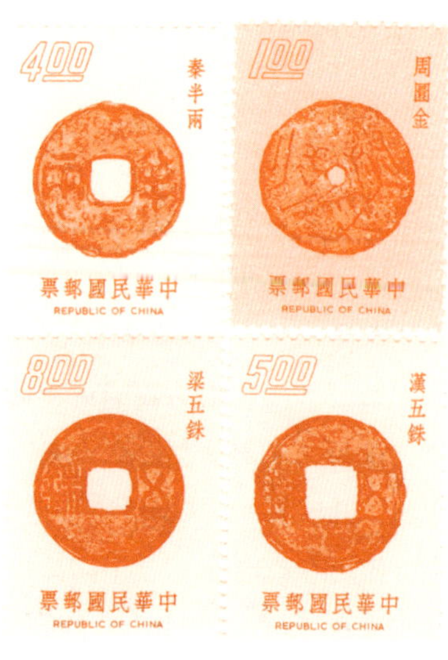

“一斤苹果多少钱？”这是当年在无锡读小学时，数学老师问我的一道题，几十年过去了我至今犹记于心。我们姑且不去探究这道题题面的严谨性，如果去掉“苹果”这个干扰因素，它却实实在在地揭示了一个中国古代约定俗成的重量单位“钱”以及它和“斤”“两”之间的换算关系。

显然，这里说的“钱”肯定与钱币有关，但不单单是指钱币，更重要的是它源于我国唐代的重量单位。据《新唐书·食货志》记载，“唐武德四年铸开元通宝，径八分，重二铢四絫（累）”。这也就是说我国唐代时（公元621年）铸造了“开元通宝”钱，“开元通宝”本身的重量合当时的二铢四累（1铢=10累），即2.4铢。《汉书·律历志》载，“一龠容千二百黍，重十二铢，两之为两。二十四铢为两，十六两为斤”，说明我国古代衡制一两等于二十四铢，一斤等于十六两，也就是一斤等于三百八十四铢。开元通宝重2.4铢，而2.4铢正好是当时一两的十分之一，也就是说十枚开元通宝的重量正好是一两，每一个开元通宝的重量正好是十分之一两。后世，人们便以“10 钱（即‘开元通宝’钱）=1 两”来计重，这比原先二铢四累为十分之一两进行计重要方便快捷得多，于是从那时起，人们便约定俗成地使用了一个新的衡制单位——钱[17]。

说清楚了“钱”的来历，我们现在可以回答开始的那个问题“一斤苹果多少钱？”答：按照我国古代衡制“1 斤 =16 两 = 384 铢 =160 钱”。在此还要特别提示，我国改衡制为“十两一斤”时，仍约定俗成一两等于十钱，但此时一斤不是一百六十钱而是一百钱了。所以虽然都是“钱”，不同时期，不同衡制，其所代表的十分之一两的重量是完全不同的。比如，清代“库平制”时期，1 斤为 16 两约合 596.8 克，故 1 钱约合 3.73 克；民国“万国公制”时期，1 斤仍为 16 两合 500 克，故 1 钱合 3.125 克；新中国（1959 年）改衡制 1 斤为 10 两，1 钱则为 5 克。

另外，现在人们在喝酒时，还喜欢用“钱”衡量喝酒的多少，比如经常会听到有人说，“这个酒杯够大，一杯就得五钱，两杯可就一两酒啦。”其实，分析起来，酒桌上说的“钱”是个模糊概念。拿酒杯盛酒来说，“钱”应该是容量单位，但“钱”未曾做过容量单位；用重量来说，又必然要涉及不同酒的不同密度。所以酒桌上的“钱”仅仅是个大致“量”的约定俗成的说法而已。

■“锱铢必较”的“锱”和“铢”都是什么？

《荀子 · 富国》记载，“割国之锱（zī）铢以赂之，则割定而欲无厌”；明代程登吉《幼学琼林》记载，“贤否罹（lí）害，

17 丘光明．中国古代度量衡[M]. 北京：中国国际广播出版社，2011：130.

如玉石俱焚；贪婪无厌，虽锱铢必较。”它们是成语“锱铢必较”的出处和示例。那么“锱铢必较”中“锱”和“铢”分别是什么东西呢？“锱铢必较”原意是指对很少的东西也很计较，形容为人十分吝啬小气，一丝一毫也不放过；也比喻人的气量和心胸等非常狭小。在这个成语中，“锱”和“铢”都是指我国古代量值很小的重量单位。由于我国古代不同时期的度量衡标准是有所变化的，所以对“锱”“铢”的表述以及它们之间的换算关系也不尽相同。

关于“铢”。历史上对“铢”的量值说法不一。一说，一铢等于一百黍，如《汉书·律历志》载，“一龠容千二百黍，重十二铢”，颜师古注，“十黍为累，十累为铢”。二说，一铢等于九十六黍，如《说苑·辨物》云，“十六黍为一豆，六豆为一铢”。三说，一铢等于一百四十四粟，如《说文·禾部》曰，“十二粟为一分，十二分为一铢”。

关于“铢”和“锱”的关系。一说，一锱等于六铢，如《说文解字》曰，“锱，六铢也。”二说，一锱等于八铢，如北宋《广韵》中载，“八铢为锱”。三说，一锱等于十二铢，如《风俗风义》中载，“铢六则锤，锤晖也；二锤则锱，锱炽也；二锱则两也。”到宋代时正式取消了“铢”作为重量单位，而以十钱为两[18]。

■“一刹那”是形容词还是时间计量单位？

我们日常生活中经常会用“一刹那”来形容时间极短，稍纵即逝，“一刹那”就仅仅是我们生活用语中的形容词吗？其实不然。唐玄奘《大唐西域记（卷二）·印度总述·岁时》记录了

---

18 万国鼎．秦汉度量衡亩考[C]∥河南省计量局．中国古代度量衡论文集．郑州：中州古籍出版社，1990：108．

当时印度的历法，其中有这样的描述，“以时极短者叫刹那”。那么“一刹那”究竟是多长时间呢？它是否可以量化呢？

“刹那”这个词其实是佛教典籍中用于计量时间的小单位。在《僧祇（qí）律》中记载，“刹那者为一念，二十念为一瞬，二十瞬为一弹指，二十弹指为一罗预，二十罗预为一须臾（yú），一日一夜为三十须臾。”据此我们可以推算：一天一夜如果以二十四小时计的话，那么一天就有四百八十万个“刹那”，二十四万个“瞬间”，一万两千个“弹指”，六百个“罗预”，三十个“须臾”。折合成“分”“秒”的话，一昼夜二十四小时，一千四百四十分钟，八万六千四百秒——当然这里不考虑所谓天文时、原子时、协调时之间的“跳秒”问题——由此我们很快可以计算出：1 须臾 =48 分钟 =2880 秒，1 罗预 =2.4 分钟 =144 秒，1 弹指 =0.12 分钟 =7.2 秒，1 瞬间 =0.006 分钟 = 0.36 秒，1 刹那 =0.0003 分钟 =0.018 秒。

可见“一刹那”不仅仅是个形容词，它还是相当于 0.018 秒的时间计量单位，确实是一眨眼的工夫。其实，不光是“刹那”，我们通过上面的分析可以发现，日常生活中常用的“弹指一挥间”的“弹指”、“瞬间即逝”的“瞬间”等均是有明确所指的非常短的“时间段”，并不仅仅是个形容词。不过，也有学者根据《俱舍论》的记录进行推算，得出“一刹那”相当于我们现在的七十五分之一秒[19]即 0.013 秒。但无论“一刹那”是 0.018 秒还是 0.013 秒，都表明时间极其短促，白居易有诗《和梦游春诗一百韵》云，“愁恨僧祇长，欢荣刹那促。”

19　田文清．印度佛教典籍中的时间、长度单位[M]// 国家质检总局计量司．计量史话．北京：中国计量出版社，2010：418.

■ 我国古人为什么用“一寸”计量“光阴”？

唐代的王贞白在其《白鹿洞二首》诗中云，“读书不觉已春深，一寸光阴一寸金。不是道人来引笑，周情孔思正追寻。”我们都知道这其中“一寸光阴一寸金”原意是指一寸光阴和一寸长的金子一样宝贵，以此形容时间的宝贵，教育人们应该珍惜时间。但是，有没有人注意到古人为什么用“一寸”来定义“光阴”，也就是说为什么我国古人会用长度单位来计量时间呢？

在《淮南子·原道训》中有这样的记载，“不贵尺之璧而重寸之阴”；晋人陶侃（kǎn）曰，“大禹圣者，乃惜寸阴，至于众人，当惜分阴”……这些都说明我国古代计量时间长短时，确实曾经用长度的“尺”“寸”来度量，且由来已久。在《周髀算经》上说，“夏至之晷，一尺六寸”，说明古人用“立杆测影”的原理来判断时间早晚，并制造了专门的工具——圭表、日晷等。以圭表为例，太阳的影子投射在圭面上移动一尺称之为“尺晷”；太阳的影子移动一寸称之为“寸阴”，此时“尺晷”及“寸阴”都是我们所说的几何量长度量值的“一尺”和“一寸”；而从时间计量来分析“尺晷”和“寸阴”，又是在使用圭表测时条件下确定时间长短的两个计时量，这也正如《后汉书·律历志下》载，“历数之生也，乃立仪表以校日景（影），景（影）长则日远。”

有人可能会继续问，既然“一寸光阴”像“一寸金”这样珍贵，那么“一寸金”到底是多少呢？“一寸金”是指“一立方寸”体积的金块，按照古人的语言习惯简称为“寸金”。“寸金”到底有多重呢？在此不妨借用《汉书·食货志》中“黄金方寸其重一斤”的说法，寸金大约一斤重。对此我们可以进一步来验证：西汉时一两大约合 15.6 克，一寸约合 2.31 厘米，“方寸”为 2.31 厘米的立方即 12.33 立方厘米，暂取黄金密度 19.3 克 / 立方厘米，不难推算西汉时“寸金”约重 239.7 克即西汉时的15.37两，接近十六两一斤，这就印证了“黄金方寸其重一斤”的说法。基于上述分析，“一寸光阴一寸金”直观地告诉人们，一寸长的时间就如同240克黄金那么贵重，每浪费“寸阴”就好比在浪费黄金，提醒人们要加倍珍惜时间。

■ 我国古时“一刻钟”就是十五分钟吗？

古代对时间的测量，多源自古人对天文历法测算和研究的需要。我国古代的时间计量单位主要有年、日、昼、夜、时、刻、更、点等，西方计时中的时、分、秒等单位于清代早期也逐步在我国出现。

我国古代计时体系中的时间计量单位“刻”是因我国古代计时装置——“刻漏（也称‘漏刻’）”而得名，杜甫有诗，“岂知驱车赴同轨，可惜刻漏随更箭。”通常刻漏的箭杆上刻有一百个间距，每一间距即为“一刻”，此乃“百刻制”，大约出现在商朝[20]。“百刻制”的一刻约合现今14分24秒，即一天24小时共1440分钟，把1440分钟再分成100份，每份为“一刻”14.4分钟。古人在使用“百刻制”的同时，又采用以圭表测量太阳射影长短来判断时间的“太阳方位计时法”。隋唐时期“太阳方位计时法”正式演变为“十二时辰计时法”。“百刻制”与“十二时辰计时法”开始并用，使得我国古代的

20　关增建．中国计量发展历史分期初探[J]．上海交通大学学报：哲学社会科学版，2004（5）：68-73．

计时制度日臻（zhēn）完善。历史上，我国在时间计量上除实行“百刻制”外，公元前6年至公元前1年的汉哀帝时期以及公元9年至公元20年的王莽时期，也都曾施行过“一百二十刻制”，那时1刻合12分钟；公元502年至公元550年，南朝梁武帝时期曾先后推行一日“九十六刻制”和“一百零八刻制”，那时1刻分别合15分钟和13.33分钟。清康熙九年（公元1670年）“改新法为九十六刻”，它与国际“时分秒（HMS）制”接轨，形成“周日十二时，时八刻，刻十五分，分六十秒”的时间计量单位制。至此，中国时间计量单位中的每“刻”等于15分钟，最小时间计量单位为“秒”，我国以“秒”作为时间计量单位也就是始于公元1670年。

所以，我国古代计时体系中的“刻”，无论是百刻制、九十六刻制，还是一百二十刻制，也无论每刻时长合14分24秒、15分还是12分，“刻”的概念均来自于古代计时仪器漏刻；而我们现在所说的“刻”是西方“HMS”计时制度中“刻”的概念，其大抵是根据英语“quarter”的音译而来。

■“小时”和“时辰”有何关系？

现在的时间计量中，一天二十四小时，一小时六十分，似乎再熟悉不过了。但是有没有人思考过，比“天”小，比“分”大的时间单位为什么叫“小时”，为什么不叫“大时”或者称呼其他什么名称？要搞清这个问题，必须对中国古代的计时制度有所了解。我国古代“时”在时间计量上是指“时辰”。古人用“立竿测影”之法进行天文历法及时间的测量，将一日用“地支”平分为“子、丑、寅、卯、辰、巳、午、未、申、酉、戌、亥”等十二个时间段，即“一日十二时辰制”。

表 4　时初时正对应表

子初	子正	丑初	丑正
23 时~0 时	0 时~1 时	1 时~2 时	2 时~3 时
寅初	寅正	卯初	卯正
3 时~4 时	4 时~5 时	5 时~6 时	6 时~7 时
辰初	辰正	巳初	巳正
7 时~8 时	8 时~9 时	9 时~10 时	10 时~11 时
午初	午正	未初	未正
11 时~12 时	12 时~13 时	13 时~14 时	14 时~15 时
申初	申正	酉初	酉正
15 时~16 时	16 时~17 时	17 时~18 时	18 时~19 时
戌初	戌正	亥初	亥正
19 时~20 时	20 时~21 时	21 时~22 时	22 时~23 时

关于“时辰”与“小时”的关系大致有两种说法。第一种说法是，从我国唐代以后，将每个时辰分为“时初”和“时正”两个时间段[21]，也就是把十二个时辰划分为相等的二十四份，这种由“时初”到“时正”划时为间的方法促生了中国古代最早的“一日二十四时制”的时间计量单位制（见表 4)。“时初”和“时正”的时“间”长度与当今“小时”正好相等。因此说“时辰”是大时，相当于现在两个小时；而每个时辰的“时初”“时正”正好是时辰的二分之一，合现在的一个小时，故将“时初”“时正”的时间段称为“小时”。第二种说法是，清康熙九年（公元 1670 年）时，西方机械钟表开始传入中国，我国由此逐步开始引入西方“HMS（时分秒)”的计时新制，但同时还保留了我国传统的“十二时辰制”。为区分“HMS”计时

21　关增建 . 计量史话 [M]. 北京：社会科学文献出版社，2012：21.

新制中的“时”与传统的“十二时辰制”中的“时”，故将“时辰”称为“时”或“大时”，将“HMS”计时新制中的“时”称为“小时”。其实上述两种说法都有道理，康熙九年后，改传统“一日百刻制”为“一日九十六刻制”，每“刻”从14分24秒变成15分，由此我们不难看出，实行九十六刻制后，“十二时辰制”中的每个“时初”“时正”均是四刻，与“HMS”中的每时四刻是相等的，相对于“时辰”来讲都是“小时”。

■ 有没有每个字都是计量单位的成语？

成语是我国汉语言文化中的精髓，度量衡元素在成语中比比皆是，甚至有的四字成语中每个字都与度量衡有关系。比如《国语·周语下》中曰，“夫目之能察也，不过步武尺寸之间；其察色也，不过丈墨寻常之间”；再如《醒世恒言·李道人独步云门》中载，“我来时不知吃了多少苦楚，真个性命是毫厘丝忽上挣来的”，这其中“墨丈寻常”和“毫厘丝忽”都是成语，并且每个字都是度量衡的单位名称。

成语“墨丈寻常”形容不太长的距离。其中的“墨”“丈”“寻”“常”均是我国古代量值在“尺”度以上的四个不同的长度单位。“墨”“丈”之间的关系即《小尔雅》中载，“五尺谓之墨，倍墨谓之丈”；“寻”“常”之间的关系在《小尔雅》中曰，“倍寻谓之常”“度寻舒两肱也”；《仪礼·公食大夫礼》注，“丈六尺曰常，半常曰寻”。即一墨等于五尺，一丈等于二墨，一常等于二寻等于十六尺。“墨丈寻常”这个成语出自《国语》，《国语》成书于春秋战国时期，春秋战国时期一尺约合19.5厘米至23.1厘米，推算下来一墨等于五尺，约合97.6厘米至115.5厘米；一丈等于十尺，约合195厘米至231厘米；一寻等于八尺，约合156厘米至184.8厘米；一常等于十六尺，约合312厘米至369.6厘米。刘禹锡《乌衣巷》诗，“旧时王谢堂前燕，飞入寻常百姓家”，诗句中“寻常”就是源于古代度量衡的长度计量单位，它引申为“普通”“平常”之意。

成语“毫厘丝忽”一般比喻极细微的事物。其中的“毫”“厘”“丝”“忽”都是我国古代的计量单位。《辞海》注，毫，“长度单位、重量单位”；厘，“长度单位、重量单位、面积单位”；丝，“长度单位、重量单位、容量单位”；忽，“长度单位”。《孙子算经》载，“度之所起，起于忽”。《孙子算经》还阐述，“蚕所吐丝为忽，十忽为秒，十秒为毫，十毫为厘，十厘为分。”即一分等于十厘，一厘等于十毫，一毫等于十秒，一秒等于十忽，可见“毫”“厘”“丝”“忽”都是“分”以下的小量值长度单位，十进制。“毫厘丝忽”这个成语出自明代冯梦龙的《醒世恒言》，明时尺度营造尺一尺约合32厘米，推算下来1厘=1/1000尺=0.032厘米，1毫=1/10000尺=0.0032厘米，1丝=1/100000尺=0.00032厘米，1忽=1/1000000尺=0.000032厘米。

上面列举的是成语中四字均为计量单位的情况，还有的成语四字均为度量衡测量器具的，比如“规矩准绳”等。

◎ 古代计量的装置与原理

我们的祖先为我们留下了相当光辉灿烂的古代科技文明财富，他们在生产实践中不断创造、发展、完善测量工具和装置，不断探索更好、更科学的测量方法和原理。至今存世的古代计量、度量衡的装置，无疑是中华民族数千年来为人类创造的物质财富，是科技文明的缩影，它们在世界科技史、文明史的时空坐标中均定位了自己应有的并值得我们为之骄傲的位置。

■“黄钟”“黍”在我国古代度量衡中有何作用？

要了解“黄钟”“黍”与古代度量衡的关系，首先要知道何为“黄钟”，何为“黍”。

何为“黄钟”？“黄钟”是我国古代的乐律。我国古代有十二律，主要是“黄钟”“大吕”“太簇”“夹钟”“姑洗”“仲吕”“蕤（ruí）宾”“林钟”“夷则”“南吕”“无射（yì）”“应钟”等，并分为阴、阳各六律。“黄钟”为阳六律的第一律。《管子 · 地员》记载，中国古代有五声“宫、商、角、徵、羽”；《淮南子 · 天文训》还记载，“一律生五音、十二律而为六十调”。《汉书 · 律历志》的和声中记载，“声者，宫、商、角、徵、羽也。

五声之本，生与黄钟之律，九寸为宫，或损或益，以定商角徵羽。”“黄钟律的宫音”大致相当于现在乐谱 C 调的“哆”——五音十二律由此而分，这也正如《黄帝内经 · 灵枢 · 九针论》中所述，“九而九之，九九八十一，以起黄钟数焉。”关于黄钟律管的长度，古人在实践中认识到音律的高低与律管的长短有着密切的关系，根据声波波长与频率成反比的原理可知，在口径一致的情况下，律管越长，声波波长也就越长，音频越低；反之，律管越短，音调就会越高。由此人们摸索并总结发现，凡是能吹出黄钟律宫音的律管，其管的长度应基本一致，容积也应相似，故采用了“万世不变”的黄钟律管作为校验尺度、容量、衡重的标准[22]。当然有人会问，为什么选定“黄钟律宫音”的律管作为度量衡标准呢？对于这一点，有史料作出过解释，比如《吕氏春秋 · 适音》曰，“黄钟之宫，音之本也，清浊之中也。中也者，适也。以适听适，则和矣”；《汉书 · 律历志》对此也有所阐述，“黄钟：黄者，中之色，君子服也；钟者，种也，天之中数五，五为声，声上宫，五声莫大焉；地之中数六，六为律，律有形有色，色上黄，五色莫盛焉。”

西汉末年王莽统治时期的刘歆曾主持考校了前朝度量衡制，总结归纳整理成“审度”“嘉量”“衡权”等一套系统的度量衡理论。东汉班固将其收录在《汉书 · 律历志》中。《汉书 · 律历志》是目前我国古代最完整、最系统、最权威的有关度量衡的著作，它影响着中国度量衡千年的发展，被历朝历代奉为圭臬和典范，直到清末凡言及度量衡内容的，皆列入各朝《律历志》之中。《汉书 · 律历志》阐述了“黄钟”“累黍”与度量衡的关系，即“度者，分、寸、尺、丈、引也。本起黄

22　易水．我国古代、近代计量法制概述[C]// 河南省计量局．中国古代度量衡论文集．郑州：中州古籍出版社，1990：429.

钟之长，以子谷秬黍中者，一黍之广度之，九十分黄钟之长，一为一分，十分为寸，十寸为尺，十尺为丈，十丈为引，而五度审矣"；"量者，龠、合、升、斗、斛也，所以量多少也。本起于黄钟之龠，用度数审其容。以子谷秬黍中者，千有二百实其龠，以井水准其概。合龠为合，十合为升，十升为斗，十斗为斛，而五量嘉矣"；"权者，铢、两、斤、钧、石也，所以称物平施，知轻重也。本起黄钟之重，一龠容千二百黍，重十二铢，两之为两。二十四铢为两，十六两为斤，三十斤为钧，四钧为石……五权之制，以义立之，以物钧之，其余大小之差，以轻重为宜。"

何为"黍"。《管子 · 轻重》曰，"黍者，谷之美者也"，《古汉语常用字字典》注解，"黍，黏黄米，也叫黍子"，我国北方栽种较多。从《汉书 · 律历志》的记载可知，我国古代的度、量、衡三个单位量，是通过"累黍定尺""积黍定容""容黍定重"来校验的。如，长度量值的确定是用九十颗大小匀称的黍子排列所得，即"累黍定尺"，且与黄钟律管互为参校。清康熙皇帝亲用"累黍法"验证古尺与清营造尺尺度的关系，并在当时的社会生产实践中予以推广使用。吴承洛先生对康熙皇帝累黍定尺考订度量衡的意义曾作出过相当积极的评价，"以纵累百黍之尺为'营造尺'是为清代营造尺之始，举凡升斗之容积，砝马（码）之轻重，皆以营造尺之寸法定之，此在当时科学未兴，旧制已紊之时，舍此已别无良法，沿用数百年，民间安之若素，其考订之功，可谓宏伟。"[23]当然，我们用现代科技眼光来考量"累黍定尺"等做法，显而易见很不准确。其实，我国古人对此也早有认识，在《宋史 · 律历志》中就有这样的记载，"岁有丰俭，地有硗（qiāo）肥。即令一岁之中，一境之

23 吴承洛．中国度量衡史（民国沪上初版书复制版）[M]. 上海：三联书店，2014：256.

内，取以校验，亦复不齐。是盖天物之生，理难均一……古之立法，存其大概尔。”

综上，我们不妨借用马衡在其所著《历代度量衡之制度》一文中所说的“因黍生度，因度生律，因律与黍而生量与衡”来概括“黄钟”与“黍”在我国古代度量衡中的地位和作用。

■ 哪个国家发明了世界上最早的“卡尺”？

1986 年英国科普作家罗伯特·坦普尔在李约瑟博士的指导下出版了《中国——发现和发明的国度》一书，书中在介绍中国的一百个“世界第一”时说，“使用完整的有刻度的活动测径器（卡尺），中国比欧洲要早 1700 年左右”[24]，这句话中“比欧洲要早 1700 年左右”估计是指比公元 1631 年法国数学家维尼尔·皮尔提出的世界上最早的游标卡尺原理整整早了 1622 年。其实直到 1851 年美国工程师布朗才借助精密机械制造技术造出了实用的游标卡尺[25]。不容争辩，我国是世界上最早发明卡尺的国度。

我国古代发明的卡尺即“新莽卡尺”，现存世有三件，其中一件现藏于中国国家博物馆。关于新莽卡尺的著录最早见于清末吴大澂（chéng）《权衡度量实验考》[26]。新莽卡尺面刻铭文，“始建国元年正月癸酉朔日制”，铭文表明卡尺制作于新莽始建国元年（公元 9 年）。卡尺的结构由“固定尺”和“滑动尺”两部分组成，两端均有成矩形的量爪。固定尺正面刻四十分格，上部有鱼鳞形柄，中间开导槽，滑动尺正面刻有五个寸格，量

24 丘光明．中国古代计量史图鉴 [M]. 合肥：合肥工业大学出版社，2005：82.

25 中国科学院自然科学史研究所．中国古代重要科技发明创造 [M]. 北京：中国科学技术出版社，2016：125.

26 唐肇川．卡尺的来龙去脉 [M]// 国家质检总局计量司．计量史话．北京：中国计量出版社，2010：257.

爪与尺身相连处有环状拉手——引环，引环可使滑动尺移动，当两尺的量爪靠拢时，固定尺与滑动尺等长，两尺刻线大体相同。

新莽卡尺与现代的游标卡尺外形类似，不过它并不是利用游标来进行读数的，而只是一把刻线卡尺。尽管如此，2000多年前，新莽卡尺的发明的的确确是长度测量技术上的一个重要突破。

■ 我国古代度量衡器具中的“概”为何物？

唐代刘知几的《史通·叙事》中有这样的记述，“而作者安可以方古，一概而论得失？”成语“一概而论”即出于此，其中“一概”指同一标准，一律之意；“一概而论”通常都是用来形容处理事情或分析问题不分性质、不加区别，一味地用同一标准来对待或处理。

不过，“概”其实是指我国古代计量管理中用于平准斗、斛之类容量器具的工具，俗称“斗趟子”。“概”的技术创造在中国已有2400多年的历史[27]。各种文献资料对“概”多有表述，《康熙字典》载，“槩（gài），指平斗斛木，通‘概’”；《辞源》载，“平斗斛之木也，后世俗称‘斗趟子’”；《辞海》记，“古代量米麦时刮平斗斛的器具”；《韩非子·外储说左下》曰，“概者，平量者也”；《礼记·月令》载，“日夜分，则同度量，钧衡石，角斗甬，正权概”。在《吕氏春秋·仲春纪》以及东汉“大司农铜斛”的铭文中也都有关于“概”的类似记载。这些无不说明我国古代在制造和校正斗斛量器时，用“概”作为平准工具以确保量器上口“没有脱然突起”之处，这在古时被称为“概而不税（tuō）”。同时，在检校度量衡器具时也要检校“概”的平直

27　艾学璞，陈兴，田勇，王立新，毕建华．对“槩”的研究与探讨[M]// 国家质检总局计量司．计量史话．北京：中国计量出版社，2010：342-344．

度。对“概”平直度的检校，据《汉书·律历志》载，“以井水准其槩”，指利用稳定性较好的井水的浮力和水平原理来检校“概”的平直度。客观上，这一切也说明我国古代平面度、直线度量值测量可溯源至此。

■“曹冲称象”揭示了什么原理？

西晋时陈寿所著《三国志》中记载了大家耳熟能详的“曹冲称象”的典故，“邓哀王（曹冲死后的谥号）字仓舒。少聪察岐嶷（yí），生五六岁，智意所及，有若成人之智。时孙权曾致巨象，太祖（曹操）欲知其斤重，访之群下，咸莫能出其理。冲曰：‘置象大船之上，而刻其水痕所至，称物以载之，则校可知矣。’太祖大悦，即施行焉。”原文的大致意思是：曹冲五六岁时就有超人的智力，非常聪明。孙权曾送大象给曹操，曹操想知道这头大象的重量，遍问群臣，没有人能有好办法来称量大象。这时曹冲说，先使大象站在船上，记下船的吃水线；大象下船后再用便于称量的物体——如石块等置于船上，使船达到与大象在船上时的同一吃水线位置，这样再称出这些物体的重量便很容易知道大象的重量了。

“曹冲称象”这个典故说明曹冲当时已经掌握了“浮力”原理和计量技术，它是有科学道理的，揭示了“替代衡量法”（或称“等量替换法”）这个重要的计量科学思维方法和原理。替代衡量法简单地说，就是以

已知质量的物体在衡器上去替代未知质量的被称物，使衡器达到相同的平衡位置，这时说明被称物的质量与已知质量的物体等重，被称物的质量也就很容易知道了。“曹冲称象”中大象是被称物，放入船中使船达到与大象在船上时的同一吃水线的物体（比如石块）即为“已知质量的物体(便于称量的)”。“曹冲称象”的典故发生在近1800年前，它说明那时我国已经熟练掌握了利用杠杆原理和浮力原理解决舟载重物的称重问题，解决了称量数吨物体的计量问题，在当时是了不起的成就，古人曾将此方法命名为“以舟量物”法。

替代衡量法作为一种精密衡量方法正式被提出，是由法国学者波尔达于18世纪中叶提出的，但是它比“曹冲称象”要晚了1500多年，从一定程度上讲曹冲应该算是使用替代衡量法的鼻祖。替代衡量法也被称为波尔达法，直到现在该方法仍被世界各国广泛应用于砝码的量值传递和溯源中，它仍是目前使用的最为主要的一种精密衡量法[28]。

我国古代用什么秤称量金银和贵重中药材？

我国古代用于称量贵金属和贵重中药材的器具被称为“戥(děng)秤”，对于它的发明，吴承洛先生在《中国度量衡史》中分析认为，因“太府寺旧铜式，自一钱至十斤，凡五十一，轻重无准，外府岁受黄金，必自毫厘计之，式自钱始，则伤于重。”淳化三年（公元990年）三月三日，宋太宗遂下诏“宜令详定称法，著为通规”。为此，景德年间（公元1004年—公元1007年），时任主管皇家贡品库藏的官员刘承珪遵循“因度尺而求厘，自积黍而取絫”之术，“以厘絫造一钱半及一两二秤”，

28 骆钦华，骆英．曹冲称象与替代衡量法[M]//国家质检总局计量司．计量史话．北京：中国计量出版社，2010：383-384.

此二秤即后世所称“戥秤”。其实，刘承珪之秤造出后并未被称为“戥秤”，到宋元丰时才开始有“等子”的称呼；明代称为“等秤”；直至《清会典》中始有“戥”的称呼，清末时才正式称为“戥秤”，清光绪皇帝时颁布了“秤图说”，将戥秤正式列入国家统一管理的计量器具名录。

表5 刘承珪两支戥秤构造表[29]

称量	杆长	杆重	锤重	盘重	初毫（第一纽）			中毫（第二纽）			末毫（第三纽）		
					起量	分量	末量	起量	分量	末量	起量	分量	末量
一钱半	1.2尺	1钱	6分	5分	0.5钱	1厘	1.5钱	0	1厘	1钱	0	1厘	0.5钱
一两	1.4尺	1.5钱	6钱	4钱	0	5累	24铢	0	2累	12铢	0	1累	6铢

《宋史·律历志》详细阐述了刘承珪创制的两支戥秤的构造(见表5)：“二秤各悬三毫，以星准之。等（戥）一钱半者，以取一秤之法，其衡合乐尺一尺二寸，重一钱，锤重六分，盘重五分；初毫星准半钱，至梢总一钱半，析成十五分，分列十厘；中毫至梢一钱，析成十分，分列十厘；末毫至梢半钱，析成五分，分列十厘。等（戥）一两者，亦为一秤之则，其衡合乐尺一尺四寸，重一钱半，锤重六钱，盘重四钱；初毫至梢一两，布二十四铢，下别出一星，等五累；中毫至梢五钱，布十二铢，铢列五星，星等二累；末毫至梢六铢，铢列十星，星等累。以

29 吴慧．新编简明中国度量衡通史[M]．北京：中国计量出版社，2006：129.

御书真草行三体，淳化钱较（校）定……”

刘承珪戥秤所遵循的“因度尺而求厘，自积黍而取累”之法，是统一重量计量单位制，确定单位量值的法制计量管理和计量科学实践的活动，是制造杆秤的核心标准工艺和技术。刘承珪这两支戥秤是我国古时第一代精准的小型杆秤，吴承洛先生评价为“权衡改制之新法，为中国度量衡史上权衡重大之改革，古今重大之改革”，此后戥秤成为称量贵金属及贵重中药材的专用工具并沿用近千年。到了清代，戥秤作为度量衡器具可以买卖并发展成为产业，据《中国近代手工业史资料》记载，清乾隆年间的长沙戥秤业就规定“新开店者，要隔十家之外，方许开设，违者公罚”，可见当时买卖戥秤的生意已经相当兴隆。目前，我们所能见到的存世最早的戥秤，当属现藏于北京故宫博物院的两支明朝万历年间宫廷御用的戥秤[30]。

■ 中国古代的“权”是秤砣还是砝码?

很多人都习惯把中国古代的“权”称为秤砣，其实不然，“权”不仅仅是秤砣，它还是砝码。史料记载，中国古人使用等臂天平的历史远早于提系杆秤，换句话讲，就是“权”作为砝码使用在天平上比作为秤砣使用在杆秤上的历史要长。“权”作为砝码时是量具，作

30　丘光明．中国古代度量衡[M]．北京：中国国际广播出版社，2011：173.

为秤砣时是计量器具杆秤的一部分。那么“权”何时当“秤砣”，何时当“砝码”呢？

吴承洛先生在其《中国度量衡史》的“器名”总论中对“权”有这样的阐述，“权衡之器，古名曰权、曰衡……权者，秤锤及砝码……天秤之名，始见于《明会典》。砝码之器，亦古之所谓权者，迄无更名，《宋史·律历志》谓‘马’，《明会典》称‘法子’或‘法马’，清代称‘法码’。”大致意思是说，衡器古时称为权，也称为衡；权本身是秤砣或砝码；“天平”这个称呼最早见于《明会典》；砝码在古代称为权；《宋史》称为“马”，《明会典》称为“法子”或“法马”，到了清代称“法码”（雍正年间尚称“法马”，至《清会典》成书，则称“砝码”）。

丘光明先生在其《我国古代权衡器简论》一文中指出，“要辨明历代不同形制的权是秤砣还是砝码，如果只依据外形来定名的方法是缺乏科学性的。只有从它们在称量物体时所起的不同作用来分析，天平称重时，被称物的重量是直接通过一枚或数枚有已知标称值的砝码来记重的。在杆秤上，秤砣的作用主要是用来定准秤星，并不需要知道砣本身有多重，秤砣不需要有固定的标称值。”这就是说，“权”是秤砣还是砝码要具体情况具体分析。以“秦权”为例，秦权形制皆为半球形，权的量值分“石（120斤）”“钧（30斤）”、二十四斤、十六斤、八斤、五斤、一斤和半两等。据研究考证，秦权一般皆作砝码使用，即提纽在衡杆中部，一端挂权，一端挂被称物，衡杆平，则秤准。

■ 我国古代计时工具漏刻与西方钟表谁更准？

史料记载，我国最迟在西汉中期时，漏刻计时精度已相当于欧洲14世纪的机械钟的精度。东汉以后，我国漏刻的日误差大都在一分钟以内，最好的误差可控制在20秒左右，欧洲人

18 世纪初的机械钟日误差才能达到误差几秒的水平。换言之，直到公元 1715 年英国人把擒纵器用到机械钟摆上以后，欧洲人的机械钟计时精度才略优于中国古老的漏刻计时。直到清光绪二十三年（公元 1897 年）漏刻仍作为我国官方重要的“守时”计时仪器在使用。

参观过北京古观象台、南京紫金山天文台的人，一定对“漏刻”有深刻的印象。不错，漏刻是中国古代最重要的计时仪器之一。《隋书 · 天文志》载，“昔黄帝创观漏水，制器取则，以分昼夜”，说明漏刻的发明很早，它最初源于古人认识到水的流逝与时间的流逝有一定的对应关系；在《漏刻经》中也有类似的记载，“漏刻之作，盖肇（zhào）于轩辕之日，宣乎夏商之代”。

我国古代漏刻发明早、应用广，它的类型大致可分为“泄水型沉箭漏”和“受水型浮箭漏”两大类型。泄水型沉箭漏的典型代表是现藏于内蒙古自治区博物馆的“千章铜漏”，它铸造于公元前 27 年，使用时壶中的水由小孔流至壶外，箭刻随之逐渐下沉以指示时间。受水型浮箭漏是我国古代漏刻的主流。唐代的“吕才漏刻”、宋代的“沈括浮漏”都是受水型浮箭漏的典型代表。浮箭漏通常由供水壶和受水壶组成，受水壶中有指示时间刻度的箭，受水壶接受来自供水壶的水后，其内的箭随之上浮以指示时间。不过实践证明，当人们直接向供水壶加水时会造成其水位突然升高进而导致受水壶中浮箭的不稳定，最终影响计时准确性。为此，人们又逐渐摸索在供水壶之上再加一个漏壶向供水壶供水，之后再由供水壶向受水壶漏水，这样原来的供水壶水位不至于突然变化以保证计时精度，增加一个漏壶后的漏刻被称为“二级补偿性浮箭漏”。“吕才漏刻”是四级补偿性浮箭漏，也就是在供水壶之上又增加了三个漏壶。“沈括浮漏”属于变异的二级补偿型浮箭漏，其主要的变异在于将该漏的正方形供水壶隔成甲、乙两个复壶，甲壶受水，水再通过“隔板”上的孔到达乙壶，乙壶再向受水壶供水，以确保计时精度。北魏时期李兰的“秤漏”也是受水型漏刻。它是用杆秤称量流入受水壶中水的重量来计量时间的，即“以器贮水，以铜为渴乌，状如钩曲，以引器中水，于银龙口中吐入权器。漏水一升，称重一斤，时经一刻”，一斤水对应一刻（14 分 24 秒），一两水对应 54 秒。宋代燕肃的“莲花漏”同样也是受水型漏刻，它在原有补偿型受水浮箭漏的基础上首次采用了“漫流平水系统”，这个系统的应用当然也是为了最大程度地消除供水壶水位变化对流量和计时精度的影响。

■“世界上最古老的天文钟”是哪个国家发明的？

非洲的利比里亚曾发行过一套以中国古代科技成就为主题的纪念邮票，其中有一张邮票专门介绍了中国“漏水运转浑天仪”。

“漏水运转浑天仪”是北宋时苏颂等人于公元 1092 年研制成功的，也称“水运仪象台”。苏颂（公元 1020 年—公元 1101 年）

是北宋时期的天文学家，《宋史·苏颂传》中对他有较高的评价，称他精通“经史、九流百家之说”，“至于图纬、律吕、兴修、算法、山经、本草，无所不通，尤明典故”。有资料记载，“水运仪象台”实际上是当时一座集“计时报时”“天文观测”“星象显示”三项功能于一身的最齐全、最先进的天文钟，堪称世界上最古老的天文钟[31]。苏颂本人在其所著的《新仪象法要》中详细介绍了“水运仪象台”的设计和制作情况：水运仪象台是一座底为正方形、下宽上窄略有收分的木结构建筑，通高约十二米，底宽约七米；共分三层，上层设有“浑仪”，中层放置“浑象”，下层主要是时间计量装置，即所谓“昼夜机轮”。时间计量装置本身又分成五小层木阁，每小层木阁内均设计了若干个木人，五层共有一百五十八个木人[32]，每到一定的时刻，就会有木人自行出来打钟、击鼓或敲打乐器以报告时刻、指示时辰等。值得一提的是，其实在宋朝早期公元979年，张思训就制作出了世界上第一座有类似擒纵器装置的“浑仪”，浑仪的擒纵器设计远远早于欧洲人；之后的“水运仪象台”驱动系统中的天衡装置也是类似擒纵器的设计原理，至少也比欧洲人带擒纵器的机械钟表的出现早了六七个世纪，因此，“水运仪象台”也被誉为“世界时钟之祖”。

---

31 刘洋．水运仪象台：世界时钟之祖[N]. 开封日报，2015-10-27.
32 丘光明．中国古代计量史图鉴[M]. 合肥：合肥工业大学出版社，2005：131.

从东汉的张衡到宋代的苏颂，我国古人屡有机械计时装置的重大发明和改进，中国不愧是世界上最早成功制造机械计时器的国家[33]。“水运仪象台”是我国古代天文仪器、计时装置制作的一个缩影，凝聚了中国古代的机械设计与制造、天文观测、时间计量、冶金铸造、建筑工艺等多学科、多方面的科学技术成果，它在我国乃至世界科技史上都具有举足轻重的地位。

■ 做事要讲“规矩”，那么什么是“规矩”呢？

我们常说“做事要讲规矩”“办事要懂规矩”……可是，什么是“规矩”呢？有人会说“规矩”就是行为准则，就是做事要遵循的法则。确实如此，但这仅仅是“规矩”的引申义。有“规”有“矩”方成“规矩”，如无“规矩”，要“规”和“矩”又有何用[34]？因此，了解“规矩”之前必须首先了解“规”和“矩”。

其实“规”和“矩”首先是指圆形和方形，这正如《楚辞·离骚》所载，“圆曰规，方曰矩”。除了表示形状外，“规”和“矩”更多的是指我国古代计量领域的测量器具，如《管子·七法》所云，“尺寸也，绳墨也，规矩也，衡石也，斗斛也，角量也，谓之法。”《史记·夏本纪》中记载了大禹治水进行实地调查和使用测量工具进行测量的情况，禹“左准绳，右规矩，载四时以开九州，通九道，陂九泽，

33 邱隆．计量史知识问答[M]//国家质检总局计量司．计量史话．北京：中国计量出版社，2010：424.

34 方向．求精准度万物量天地衡公平——浅析计量的基础作用[N]. 中国质量报，2015-10-28 (4).

度九山”。这其中的“规”和“矩”都是测量工具。“规”是指用以校正圆形的测量工具，《诗·小雅·沔（miǎn）水序》郑玄注，“规者，正圆之器也”；《荀子·劝学》云，“木直中绳，輮以为轮，其曲中规”。“矩”是指用以校正方形的测量工具。由于古人对圆和方的认识，所以“规”和“矩”作为测量工具经常一起出现和使用，如《周髀算经》卷上载，“圆出于方，方出于矩”；《考工记》中载，“圆者中规，方者中矩”；《荀子·礼论》曰，“规矩诚设矣，不可欺以方圆”；《墨子·天志上》云，“轮人之有规，匠人之有矩”等。谈到这儿，也顺便介绍一下，《汉书·律历志》在阐述“算筹”时也对“规”和“矩”作出了间接论述，其记载主要是，“其算法用竹，径一分，长六寸，二百七十一枚而成六觚（gū），为一握”。苏林口，“六觚，六角也。度角至角，其度一寸，而容一分，算九枚；相因之数有十，正面之数实九，其表六九五十四，算中积凡得二百七十一枚”，这段文字记载了以算筹布算圆内接正六边形，它是正史中记载算筹求证“径一周三”圆周率最详细的文献资料之一，反映了“圆出于方，方出于矩，没有规矩不成方圆”的科学论证方法。

另外，上文提到了“左准绳，右规矩”，其实“规矩”与“准绳”也是经常一起使用的，“衡运生规，规圆生矩，矩方生绳，绳直生准，准正则平衡”，如成语“规矩准绳”。那么“准绳”是什么呢？“准”和“绳”是测量物体水平和垂直的工具，《汉书·律历志上》载，“准者，所以揆平取正也。绳者，上下端直经纬四通也”；《吕氏春秋通诠·审分览·君守》载，“天之用密，有准不以平，以绳不以正”；《孔子家语》中描述，“木受绳则直”；汉·陆贾《新语·道基》中载，“故圣人防乱以经艺，工正曲以准绳”等等，这些都是记载和描述“准”和“绳”的。所以，我们现在办事一定要按“规矩”来，如果胡作为、乱作为，那将被“绳”之以法。

■ 北京故宫太和殿门前的古代计量装置是什么？

北京故宫太和殿前陈设有两件十分显眼的物件，不懂的人只能看个热闹。其实，那是两件重要的古代计量器具，大殿一侧的是“嘉量”，另一侧的是“日晷”。

“嘉量”是我国古代的标准量器，象征着国家统一和皇权的威严。太和殿的“嘉量”是清代乾隆皇帝钦定度量衡时，研究秦汉至明清度量衡之后而制。《律吕正义后编》载，该嘉量“以律起量，而以营造尺命度，则古今度量同异之致，瞭然可见”，其谓“鎏（liú）金铜嘉量”。“鎏金铜嘉量”刻有总铭：“皇予圣祖，建极宪天，度律均钟，洞契元声，微显阐幽，何天衢亨，小子缵（zuǎn）绪（xù），寰区抚临，协时月正日，同律度量衡。制兹法器，列于大廷，匪作伊述，大猷（yóu）敬承。遵钟得度，率度量成，量为权舆，律皆六英。猗圣合天，天心圣明，七政是齐，万世法程。如衡无私，如权不凝，如度制节，如量衹平。律得环中，绍天明命。永宝用享，子孙绳绳。我日斯迈，而月斯征。中元甲子，乾隆御铭。”林光澂、陈捷在所著《中国度量衡》中指出，“乾隆九年清廷制造嘉量模型两个，一方一圆，圆的仿东汉嘉量的形式，方的仿唐代张文收的形式……列在殿上。”太和殿的嘉量为方形，丘光明先生考证认为该嘉量仍“以新莽嘉量为准则[35]”。

现出土存世的我国历史上最著名的嘉量无疑当属“新莽嘉量”。据记载，新莽嘉量当时制作了一百多件，自三国曹魏时起至清初至少有过五次发现，清初发现的新莽嘉量现藏于我国台北[36]。新莽嘉量是公元9年制作的集“龠、合、升、斗、斛”等五量于一体的铜质标准器，《隋书·律历志》称其为“王莽时刘歆铜斛”。新莽嘉量原物外形如刘复曰，“此器中央为一大圆柱体，近下端处有底，底上为斛量，底下为斗量；左耳为一小圆柱体，底在下端，为升量；右耳亦为一小圆柱体，底在中央，底上为合量，底下为龠量。故斛升合三量，均向上，斗龠二量，均向下，《汉志》所谓‘上三下二，参（叁）天两地’也。”新莽嘉量上还刻有铭文，“黄帝初祖，德帀（zā）于虞。虞帝始祖，德帀于新。岁在大梁，龙集戊辰。戊辰直定，天命有民。据土德受，正号既真。改正建丑，长寿隆崇。同律度量衡，稽当前人。龙在己巳，岁次实沉。初班天下，万国永遵。子子孙孙，享传亿年。”新莽嘉量的每个单件量器上还分别刻有分铭。新莽嘉量的五种标准容器：“龠”容量为10.65毫升；“合”容量为21.125毫升；“升”容量为191.8毫升；“斗”容量为2012.5毫升；“斛”容量为20097.5毫升[37]。根据对新莽嘉量的实测数据，可得出新莽时期度量衡的基本量值，即一尺约合现今23.1厘米，一升约合现今200毫升，一斤约合现今226.7克。新莽嘉量是考证我国汉及汉以后度量衡单位量值的重要实物标准器。

“日晷”是古代的计时装置，象征着封建帝王授时予民的权力和对时空的驾驭。“晷”，原意即指“日影”，正如《说文解字》

35 丘光明．中国古代计量史图鉴[M]．合肥：合肥工业大学出版社，2005：161.
36 吴慧．新编简明中国度量衡通史[M]．北京：中国计量出版社，2006：11-12.
37 邱隆．话说中国古代计量的发展[M]// 国家质检总局计量司．计量史话．北京：中国计量出版社，2010：35.

载，“晷，日景也。”古人通过测量日影移动来计量时间的装置即称之为“日晷”。清·钱泳《履园丛话·艺能·铜匠》载，“测十二时者，古来惟有漏壶，而后世又作日晷、月晷，日晷用于日中，月晷用于夜中，然是日有风雨，则不可用矣。”日晷通常由晷针和晷面组成，晷针垂直穿过晷面圆心，其作用类似圭表的“表”；晷面有刻度标识着相应的时辰。日晷种类很多，大致有“地平式”“赤道式”“了午式”“卯酉式”等，它们的应用范围也不尽相同。我国最早关于地平式日晷的可靠记录是《隋书·天文志》中提到的袁充于公元594年发明的“短影平仪”；最早关于赤道日晷的明确记载见于南宋曾敏行的《独醒杂志（卷二）》中提到的“晷影图”。从出土文物来看，我国现存最早的日晷是1897年在内蒙古呼和浩特出土的“玉盘日晷”，其呈正方形，边长27.4厘米，厚3.5厘米，晷面上刻有辐射条纹和1至69的数字，按顺时针方向排列，数字以小隶书写[38]。太和殿门口的日晷应属于“赤道日晷”，中国邮政2001年发行的“迈入21世纪”五张一套的纪念邮票中专门有一张名为“中华复兴”的邮票，其图案右下角即为一个寓意“指向未来”的赤道日晷。

38　郭聪．计时器的演变[J]．百科知识（下），2010（6）：51.

■ 中国古代用什么计量里程？

我国古代记录里程的著名装置是“记里鼓车”。史料记载，记里鼓车也被称为“记道车”“大章车”，最迟在西汉已经发明，它一般由马匹拉动，也是天子出行的仪仗车辆之一。西汉末年，刘歆在其《西京杂记》中有这样的记载，“记道车，驾四，中道”；《晋书·舆（yú）服志》记载，“记里鼓车，驾四，形制如司南，其中有木人执槌向鼓，行一里则打一槌”；另有《古今注·舆服》记载，“大章车，所以识道里也，起于西京，亦曰记里车。车上为二层，皆有木人，行一里，下层击鼓；行十里，上层击镯（zhuó）。《尚方故事》有作车法”；在《隋书·礼仪志五》中也有记载，“记里车，驾牛。其中有木人执槌（chuí），车行一里，则打一槌”。

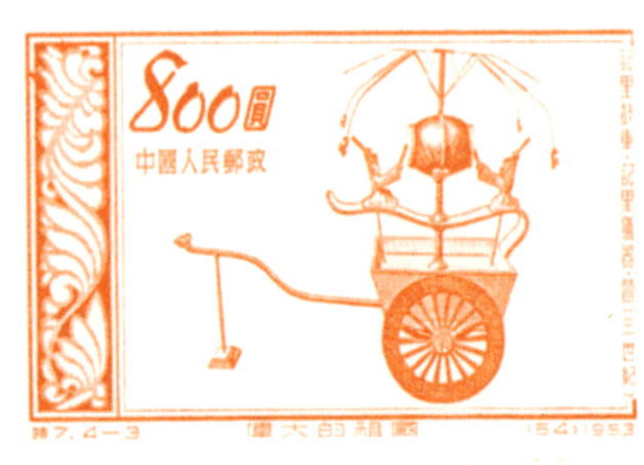

汉代以后，历代制造记里鼓车的人不在少数，但是史料记载得均过于简单，到宋代时，前人造车的结构、原理及方法几近失传。《宋史·舆服志》中对北宋天圣五年（公元1027年）卢道隆的记里鼓车记载得较为详细，“独辕双轮，箱上为两重，各刻木为人，执木槌。足轮各径六尺，围一丈八尺。足轮一周，而行地三步。以古法六尺为步，三百步为里，用较今法五尺为步，三百六十步为里。立轮一，附于左足，径一尺三寸八分，围四尺一寸四分，出齿十八，齿间相去二寸三分。下平轮一，其径四尺一寸四分，围一丈二尺四寸二分，出齿五十四，齿间相去与附立轮同。立贯心轴一，其上设铜旋风轮一，出齿三，齿间相去一寸二分。中立平轮一，其径四尺，围一丈二尺，出齿百，齿间相去与旋风（轮）等。次安小平轮一，其径三寸少半寸，围一尺，出齿十，齿间相去一寸半。上平轮一，其径三尺少半尺，围一丈，出齿百，齿间相去与小平轮同。其中平轮转一周，车行一里，下一层木人击鼓；上平轮转一周，车行十里，上一层木人击镯。凡用大小轮八，合二百八十五齿，递相钩鏁（suǒ），犬牙相制，周而复始。”这段话的大致意思是：记里鼓车分上下两层（唐以前记里鼓车基本为一层），每层各有木制机械人，手执木槌；车每行一里，下层木人敲鼓一下；车每行十里，上层木人敲镯一次。它的记程功能主要由齿轮系完成，将两个齿数相同的齿轮中间嵌入一个中平轮，保证车按同一速度和同一方向运转时整个齿轮系能与车轮同行同止；同时车上还有一套减速齿轮系，它也始终与车轮同时转动，最末一只齿轮轴在车行一里时齿轮系中中平轮正好回转一周，经机械系统作用，车上的拨子就拨动下一层木人击鼓一次；车行十里时，上平轮转一周，车上的拨子就拨动上一层木人击镯一次[39]。在《孙子算经》中有一道除法计算题，“今有长安洛阳相去九百里，车轮一匝一丈八尺，欲自洛阳至长安，问轮匝几何？”不难看出这道计算题的内容显然和记里鼓车有关。

记里鼓车是我国古代对齿轮系统运用的典范，体现了我国古代机械制造的精湛工艺，同时它也是我国古人在利用机械技术实现长度自动化计量上所取得的辉煌成就。今天我们汽车的里程表、出租车的计价器，其原理就与记里鼓车原理相类似，可以这样比喻，记里鼓车应该算得上现在汽车里程表、计价器的祖先，距今至少2000年的历史。中国邮政在1953年发行的

39　丘光明．中国古代计量史图鉴[M]．合肥：合肥工业大学出版社，2005：135.

四张一套的“特 7 伟大的祖国”邮票中“记里鼓车”独占一张，足见其在中国古代科技史中的重要地位。

■ 陀螺仪与我国古代“被中香炉”有何关系？

“被中香炉”是我国古代香熏被褥的球形小炉，目前可见对其最早的记录是西汉司马相如的《美人赋》。对于“被中香炉”，西汉末年的刘歆在其《西京杂记》中有这样的记载，“长安巧工丁缓者，为常满灯……又作卧褥香炉，一名被中香炉。本出房风，共法后绝，至缓始复为之。为机环转运四周，而炉体常平，可置之被褥，故以为名。”

“被中香炉”虽然是中国古人的生活用品，但其构造却揭示了物理学、计量学的一个重要原理，即古人为防止香炉中盛香料的香盂随香炉的晃动而倾覆，设计了“内持平环”和“外持平环”，将悬挂香盂的内持平环悬挂在外持平环上，使两个持平环的轴孔正好垂直，轴心线的夹角正好为九十度。这样一来，内持平环就能避免香盂前后方向倾斜；外持平环则能防止香盂左右方向倾斜，香盂在重心作用下始终能保持水平，无论香炉怎么转动，香盂都不至倾覆。说到这，稍有物理常识的人都能立刻意识到我国古代“被中香炉”的这种结构设计与现在陀螺仪中的“万向支架”的原理非常相似，但中国人应用在“被中香炉”中的这种设计比起 16 世纪意大利人希 · 卡丹诺制造出陀螺平衡仪要早上 1000 多年。

■ 我国现存最早的“以度审容”标准器是什么？

史料记载，我国最早的“以度审容”标准器是“栗氏量”，但是原物不存，未能传世。我国现存最早的长度和容量标准器则是收藏于上海博物院的“商鞅铜方升”，它是由官府颁发的“以度审容”的标准量器。对它的文献记载最早见于1914年罗振玉所著的《秦金石刻辞》[40]。

“商鞅铜方升”是商鞅于公元前344年督造完成的，方升上加刻有铭文，“十八年，齐率卿大夫众来聘。冬十二月乙酉，大良造鞅。爰(yuán)积十六尊五分尊壹为升。”铭文的大致意思是：秦孝公十八年，齐国派遣由卿大夫等人组成的外交使团到秦国商讨包括有关度量衡内容在内的事项；“商鞅铜方升”容积为“十六寸五分寸为升”。经实测验算，它深1寸，宽3寸，长5.4寸，得一尺合23.1厘米，一升合200毫升[41]。公元前221年秦统一全国后，在该方升上又加刻了秦始皇统一度量衡的诏书，作为秦朝的标准器。

这里需要额外提一点，包括商鞅铜方升在内的中国古代度量衡标准器一般都是铜制，其原因在《汉书·律历志》中有记载，“凡律度量衡用铜者……铜为物之至精，不为燥湿寒暑变其节，不为风雨暴露改其形。”

■ 中国古人如何认识和测量“风向”“风速”？

参观过山西博物院的人，一定会对该博物院的镇院之宝“刖（yuè）人守囿（yòu）车”留有极深刻的印象。它是1989年在闻喜县出土的西周时期的青铜器。注意观察的人，可以发现这个青铜器的盖上有四只可以动的“相风鸟”。相风鸟是干什么用的呢？它就是我国古人测量风向的重要装置之一。

观测天气、气候的变化是人类较早从事的初步科学活动之

40 邱隆．中国最早的度量衡标准器——《考工记》栗氏量[M]//国家质检总局计量司．计量史话．北京：中国计量出版社，2010：62.

41 丘光明．中国古代计量史图鉴[M].合肥：合肥工业大学出版社，2005：43.

一，但古人当时对“天气”和“气候”是基本混为一谈的，并没有现在界定得这么清晰。相传我国在黄帝时代就设有专人专司气候观测。“风”是古人观测天气时注意到的一个重要自然现象，人们在生活实践中对风向、风速等的认识经历了从感性认识到理性认识的过程。甲骨文中就已经有了“四面风”的记载——即祭祀东、南、西、北四方风神的记录，并对风向的表述设定了专门的名称。

我国风向器的发明很早，大约在商周时期人们就已经发明了测量风向的专用工具“俔（qiàn）”。《辞海》注，俔，“古代观察风向的设备”，对此，《淮南子 · 齐俗训》中有这样的记载，“辟（譬）若俔之见风也，无须臾之间定矣。”现在看来，“俔”的结构相当简单：直立一杆，杆上系丝帛材质的旗子，同时杆头系一小铃。“俔”使用起来也比较简单，风吹“俔”就会铃响旗飘，再设专门的观测者监听铃声并看旗被吹动的方向就可以报告风向了。

我国古人测量风向的器具除了“俔”以外，工艺更复杂的是前文提到的“相风鸟”。1971 年，河北省安平县逯家庄一座东汉古墓内发现了一幅描绘东汉建筑群的鸟瞰图，图中的一座钟楼上就站立着相风铜鸟，它在一定程度上说明我国最晚在东汉以前已经开始应用相风鸟测量风向了。秦朝宫中的观台上有相风铜鸟，在汉、魏、晋这些朝代，相风鸟不仅应用在宫廷和贵族阶层，也流传到了民间。晋代皇帝出行，就有人举着相风鸟走在仪仗队的前头。汉代的风向器称为铜凤凰或铁鸾（luán），工艺比较成熟，仪器状态稳定。汉代建章宫的凤凰阙（què）上装了两只铜凤凰。所谓“铸铜凤，高五尺，饰黄金，栖屋上，下有转枢，向风若翔”，铜凤凰下部有转枢，插在一个圆槽内即可随风转动，使凤凰头部总是指着风吹来的方向；“下有转枢”说明转枢与下一层的转动机件相连，可能装有一种记风速的器件，是风速计的先驱。东汉至三国时改用木鸟作风向仪，木鸟更为轻便并且使用也更普遍。1958 年中国邮政发行了“特 24”邮票，其中一枚的图案正是用于观测风向的相风鸟。

关于古人对风速的认识，唐代李淳风在其《乙巳占 · 占风远近》中根据风对树产生的力的作用情形进行了风速的估测，“树叶微动，风速约十里；树叶沙沙作响，风速则日行百里；树枝摇，二百里；堕叶，三百里；折小枝，四百里……”之后，再根据树的摇动情况定出风级，“一级动叶，二级鸣条，三级摇枝，四级坠叶，五级折枝，六级折大枝，七级飞沙石，八级拔大树及根”，另外再加“无风”“和风”两级，表述风速就达到了十级。

西方国家装在屋顶上的候风鸟是在 12 世纪才始见的，比我国的“相风鸟”应用至少晚了 1000 多年。

■ 中国古人如何认识和测量“湿度”？

了解实验室的人都知道，很多实验室对环境条件都有特殊的要求，比如“恒温恒湿”等。我们用现代技术控制“恒温恒湿”相对比较容易，但是我国古人对湿度是怎么认识、怎么进行把握和测量的呢？

我国古人对湿度的认识，最初源于对天气现象的认识，如阴、晴、雨、雾等自然现象，这一点在商代甲骨文中就已经有了记载，之后很多史料也多有记载，如《淮南子 · 说林训》中曰，“山云蒸，柱础（chǔ）润”，意思是说：山中云雾蒸腾，石柱上渗出水气，说明将要下雨。我国古人还通过观察一些物体的物理变化来进一步认识“湿度”，比如东汉时期的《论衡·变动篇》中就指出，“天且雨，蚁蝼（lóu）徙，丘（蚯）蚓出，琴弦缓，固疾发，此物为天所动之验也”，其中，“琴弦缓”就是说明要下雨时大气湿度增加，这个时候琴弦的张力就会变“缓”，琴弦“缓”了，直接会导致弹奏的音律发生一定改变。《淮南子·本经训》中的记载也可以补充证明这一点，即“风雨之变可以音律知之”。有专家认为中国古人对“弦线”与湿度关系的把握是后来创制“肠线测湿计”的肇始[42]。

我国古代测量干湿度的需求还源于古人对冬至、夏至的辅助测定。当时冬至和夏至的测定主要依靠土圭观测日影的变化，同时人们还通过验证冬至日和夏至日时的湿度来辅助测定。古人采用“县（悬）土炭”“悬羽与炭”等以炭测定空气湿度的手段。这一点很多史籍中都有所记载，如《汉杂记》中云，“(冬)至前三日，垂土炭于衡之两端，轻重适均”；又如《淮南子·说山训》有记载，“悬羽与炭，而知燥湿之气”等。通过将土、羽毛、铁（铁是后来采用的，《汉书·李寻传》注解，“《天文志》云‘悬土炭’也，以铁易土耳”）等物质和吸湿能力较强的炭分别等重放在天平的两端，当大气湿度变化时，土、羽毛、铁等物质比炭对湿气的吸附（蒸发）能力差——《淮南子·泰族训》记载，“湿之至也，莫见其形而炭已重矣”——这就引起了天平的失衡而偏转——《淮南子·天文训》中载，“阳气为火，阴气为水，水胜故夏至湿，火胜故冬至燥。燥故炭轻，湿故炭重”——以此让人们较便捷地观察出大气的干湿程度。正如三国孟康在《汉书·李寻传》注中写道，“先冬夏至，悬铁炭于衡

42　李占元，杨莉．湿度测量史话[J]. 中国计量，2004（1）：45.

各一端，令适停。冬，阳气至，炭仰而铁低。夏，阴气至，炭低而铁仰。以此候二至也。”可见，我国古人的上述做法实际就是一种原始的天平式“湿度计”，它要比国外15、16世纪类似的发明——如天平式羊毛与石头湿度计、肠线式测湿计等——早了1000多年[43]。

17世纪中期，比利时耶稣会士南怀仁最早将欧洲的湿度计介绍到中国。康熙九年（公元1670年），我国制造了近代意义上的湿度计，由此中国成为最先制造和应用近代湿度计的东亚国家，日本和朝鲜等国使用的近代湿度计最初也都是从中国传入的[44]。

中国古人如何认识和测量“温度”？

现在通行的“摄氏”温度，是公元1742年瑞典物理学家摄尔西斯以水银为测温物质，将水的沸点定为0度，水的冰点定为100度，之后1750年又把水的沸点和冰点的标定值对换，即成为我们现行的“摄氏温标”。那么，我国古人是如何认识和测量温度的呢？我国古人对冷、热的感知最初完全是凭借自身的体感。大约在战国时期，人们开始通过观察水是否结冰来判断温度的高低，正如《吕氏春秋·慎大览·察今》中描述的那样，“见瓶中之冰

43　邱隆．话说中国古代计量的发展[M]// 国家质检总局计量司．计量史话．北京：中国计量出版社，2010：39.

44　李占元，杨菊．湿度测量史话[J]．中国计量，2004（1）：46.

而知天下之寒”；《淮南子·兵略训》曰，“见瓶中之水而知天下之寒暑”。这两句话我们现在看来实在是再简单不过了——“见到瓶子里（水）结冰就知道天气很寒冷”“见到瓶子里的水就知道天气的冷热”。即便是这样的简单道理，却是我们的祖先上千年前寻找到的借助外界客观事物判别冷热程度的重要方法。

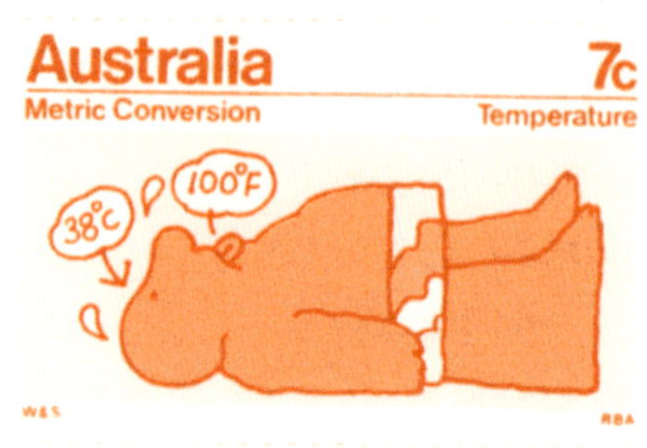

我国古人除了通过体感和观察客观事物的变化来判别冷暖外，还逐步认识到人体的体温是基本恒定的，可以作为判别温度的最基本、最便捷的标准，并将这种标准逐渐应用于生产实践中。如北魏时期的贾思勰曾指出，制作奶酪的温度“小暖于人体，为合适宜”；制作豆豉的温度“大率常令温如腋下为佳”“以手刺（豆豉）堆中候，看如腋下暖”[45]。其实我们谈古人对温度的观察和测量不能不谈《考工记》。据《考工记》记载，“凡铸金（青铜）之状，金（赤铜）与锡，黑浊之气竭，黄白次之，黄白之气竭，青白次之，青白之气竭，青气次之，然后可铸也。”这里的“气”指冶炼炉中金属的辐射颜色。“黑体辐射定律”指出，黑体辐射的颜色与其温度密切相关。在没有温度计的时代，古人就懂得了通过观察炉中“气”的颜色，确定铸造的温度，出现“青”气即为燃烧温度的最高阶段，其实这与物理学上应用光谱原理观察不同物质的不同特征火焰判定对应的温度是一致的。对于这一点我们很容易想到一个大家都熟知的成语“炉火纯青”，它虽然原意是指道士炼丹成功时的火候，

45　高鸿春．中国古代的温度测量[J]. 中国计量，2003（12）：40.

但是成语“炉火纯青”也许是世界上光学计量中“光测高温术”的最早记录[46]。

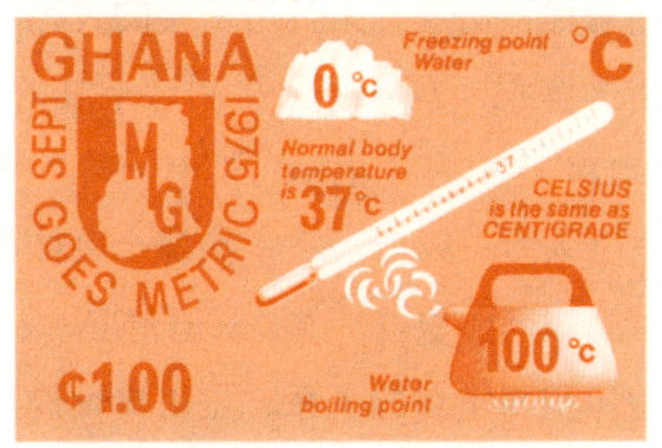

在我国古代，最早把欧洲的温度计介绍到中国的人是清顺治十六年（公元1659年）来华的比利时人南怀仁，他本人还制作了简易的温度计且著有关于温度计的著作《验气图说》等[47]。

■ 中国古人如何认识和测量“比重”？

国际上曾规定“1升水在4摄氏度下的质量为1千克”，这个规定无疑涉及水的比重问题。我国是对“比重”认识最早并进行测定的国家之一。

一则，我国古人很早就认识到比重与温度、体积的关系。《后汉书 · 礼仪志》记载，“日冬至……，权水轻重，水一升冬重十三两”，这说明古人认识到比重与温度的关系。《孟子》曰，“金重于羽者，岂谓一钩金与一舆羽之谓哉”，它很明确地指出，在体积相同的情况下金属比羽毛重，但是如果不考虑体积的话，把一小钩金属与一车羽毛相比较，那就很难说了。《汉书 · 食货志》记载，“黄金方寸其重一斤”，意思是一立方寸大小的黄金的重量为一斤。《考工记》记载，“栗氏为量，改煎金锡则不耗，不耗然后权之，权之然后准之，准之然后量之”，意思是说栗氏制造量器时，要反复冶炼青铜，直至青铜纯而不含杂质为止，

46　李在清，杨巨铸，杨永刚 . 光度计量学的起源探索（一）[J]. 中国计量，2014（8）：62.

47　高鸿春 . 中国古代的温度测量 [J]. 中国计量，2003（12）：45.

然后称量出制造量具所需要的青铜的重量，再用水测量所称青铜的体积，看是否合乎制造量具的要求。《周礼今注今译（卷十）》“冬官考工记第六”中记载，“准之，以水度金之体积，盖以金入水，以所溢之水换算金之体积。准之古文作水，当是以水测知其体积也。”这段注释如果成立的话，就清楚地说明了物质体积与重量的关系，是用比重检测物质纯度的最早记录，这比“阿基米德测量王冠纯度”的方法早200多年。

二则，古人很早就认识到比重与浮力的关系。《考工记》中记载轮人制造车轮时，最后把车轮浮在水上检验车轮沉浮深浅是否平衡，由此可以判定重量（比重）是否均匀。当然还有像“沙里淘金”“曹冲称象”“文彦博以水浮球”“怀丙和尚打捞铁牛”等故事，都是我国古人对比重与浮力关系的认识和妙用。

三则，古人很早就进行了物质比重的测定。在西晋《孙子算经》中记录了金、银、铜、铁、铅、玉、石七种物质的比重，即“每方寸物之重为：金一斤，银一十四两，玉一十二两，铜七两半，铅九两半，铁六两，石三两”。物理史界认为这是我国最早的物质比重值的系统记录。《天工开物》阐明了海盐、井盐等多种制盐之法，并给出了测量成盐密度的计量方法和评定盐的质量等级的计量指标，“凡盐淮扬场者，质重而黑。其他质轻而白。以量较之。淮场者一升重十两，则广、浙、长芦者只重六七两”。据对明朝天启三年（公元1623年）和崇祯十年（公元1637年）的两件存世铜砝码的考证，可以说我国在明末已经开始用黄铜的比重作为确定衡重的标准了[48]。清初汇编的《数理精蕴》曾以较精密的方法测定了金、银、铜、铁、锌等32种物质的比重并指出，“凡物，知其体积即知其重轻，知其重轻即知

48　邱隆．计量史知识问答[M]// 国家质检总局计量司．计量史话．北京：中国计量出版社，2010：424-425.

其体积，而权度无遁（dùn）情也”；至清乾隆御定的《律吕正义后编》又规定唯以“黄铜方寸重六两八钱”作为权衡的标准，然而皆因金属纯度各异，使这种标准的精度受到影响，遂改为“以营造尺一立方寸纯水量之重为权之重率”。

四则，古人很早就应用比重原理进行生产实践。在《西阳杂俎（zǔ）》中记载，“石莲入水必沉，唯煎盐咸卤能浮之”；《物类·相感志》中说，“盐卤好煮，以石莲投之则浮”；《太平寰宇记》中也记述了用10个莲子测试盐卤浓度的方法；《西溪丛语》对测试盐卤比重记载得更为详细，“日以莲子试卤，择莲子重者用之。卤浮三莲、四莲，味重，五莲尤重。莲子取其浮而直，若二莲直或一直一横，即味差薄。若卤更薄，则莲沉于底，而煎盐不成。闽中之法，以鸡子、桃仁试之，卤味重则正浮在上；咸淡相半，则二物俱沉。与此相类。”这种用莲子、鸡蛋、桃仁测定盐卤密度的方法，是现代浮子密度计的前身，它比1663年发明的“浮子密度计”要早近600年。类似例子还有很多，如北魏李兰创制“秤漏”时曾规定“漏水一升，称重一斤，时经一刻”，应该是指一升水的比重正合一斤，此与北朝一升约合600毫升，一斤约660克大概相合，进而又以所称一斤重之水作为衡量计时器准确性的一个标准；北宋李照创制的水秤也是应用一升水之重来定一斤的标准，“一合之水重一两，一升之水重一斤”，进而创制了十进制的秤。

■ 中国古人如何认识和把握“误差”？

什么是误差？《中国度量衡史》在“以圭璧考度”一节中引用了《周礼》记述的“典瑞璧羡以起度，玉人璧羡度尺，好三寸，以为度”一段文献，并作了解释，其中“羡者、余也、溢也，言以璧起度，须羡余之”，可见“羡”字为“余”、为

"溢"，这实际是言明了"璧"与"尺"之间之差。故"羡"字在计量测试中可以理解为"误差"。璧羡度尺即可以理解为以"璧"为标准，用"羡"表示"尺"的误差。因此，"羡"字是中国古代认识计量误差所形成的语汇。在《辞海》中对误差是这样解释的，"在实际观测和近似计算中，往往不能得到准确值，而只能得到近似值，其间的差称为误差。"

有资料显示，我国古人很早就对"误差"有所认识并且认识到误差的产生与测量有直接关系。主要表现在：一是，古人认识到误差是客观存在的，只要有测量就会造成误差。《淮南子·天文训》中记载，"水虽平，必有波；衡虽正，必有差"，这就是说水面再平也必然存在细小的波纹，权衡即使平正称量，结果也会有偏差。二是，古人认识到对精细量值的测定必须要使用精密的计量器具，以减少误差。《隋书·律历志》中记载，"体有长短，检之以度，则不失毫厘；物有多少，受之以器，则不失圭撮；量有轻重，平之以权衡，则不失黍累"，这就是说使用了精密的计量器具，可以测量出精确到"毫厘""圭撮""黍累"等量级的数值。三是，古人认识到准确测量必须使用适合的测量器具，要遵守测量规范，否则将会造成较大的误差。《淮南子·天文训》云，"非规矩不能定方圆，非准绳不能正曲直，用规矩准绳者，亦有规矩准绳焉"，这就是说"规""矩""准""绳"都是专用的测量工具，测圆要用规，定方要用矩，测量水平和垂直必须用"准"和"绳"。《荀子·正名》曰，"衡不正，则重悬于仰，而人以为轻；轻悬于俛（府），而人以为重"，这就是说如果不遵守测量规范，测量前没有将衡器调整到平衡状态就开始称量，必然导致误差。四是，古人认识到为避免误差，选择合适的测量方法很重要。《淮南子·泰族训》记载，"寸而度之，至丈必差；铢而称之，至石必过。石称丈量，径而寡失"，这里说的是一个"累积误差"的问题，寸是丈的1/100，如果一寸一寸地测量一丈的长度必然会有误差；铢是石的1/46080，如果一铢一铢地测量一石的重量结果必然不准确。如果选用正确的测量方法，直接用“丈”和“石”测量的话，结果必然比用“寸”“铢”测量要准确得多。

正是因为中国古人对误差的较早认识，秦始皇统一全国后，对度量衡检定校正过程中的允差范围就作了严格的规定。根据《秦律·效律》中的记载，“衡石不正，十六两以上，赀（zī）官啬（sè）夫一甲；不盈十六两到八两，赀一盾。甬（斛）不正，二升以上，赀一甲；不盈二升到一升，赀一盾”；“斗不正，半升以上，赀一甲；不盈半升到少半升，赀一盾。半石不正，八两以上；钧不正，四两以上；斤不正，三朱（铢）以上；半斗不正，少半升以上；参（叁）不正，六分升一以上；升不正，廿分升一以上；黄金衡赢（累）不正，半朱（铢）以上，赀各一盾。”上文的大致意思是：衡石（120斤）不准确，误差在16两以上，罚该官府啬夫一甲（罚该官府啬夫一身盔甲）；不满16两而在8两以上，罚一盾。斛（100升）不准确，误差在2升以上，罚一甲；不满2升而在1升以上，罚一盾。斗不准确，误差在半升以上，罚一甲；不满半升而在1/3升以上，罚一盾。半石不准确，误差在8两以上；钧不准确，误差在4两以上；斤不准确，误差在3铢以上；半斗不准确，误差在1/3升以上；1/3斗不准确，误差在1/6升以上；升不准确，误差在1/20升以上；称黄金所用衡器不准确，误差在半铢以上，均罚一盾[49]。由此可见，中国古人很早就对误差问题有所认识而且认识水平还达到了较高的水准。

49 刘治国．中国古人对测量误差的探讨[M]//国家质检总局计量司．计量史话．北京：中国计量出版社，2010：145.

■ 我国古人发明的“指南车”和“司南”是同一原理吗？

我们的祖先很早就积累了对“磁”的认识，比如《管子》中记载，“山上有磁石者，其下有金铜”；《吕氏春秋》记载，“慈（磁）招铁，或引之也”。由于古人一开始仅有对“磁”现象的感性认识，故曾一度把“磁”称为“慈”，他们认为石是铁的母亲，但石分“慈”和“不慈”两种，慈爱的石头能吸引它的子女，不慈的石头就不能吸引了。据说秦始皇统一六国后，阿房宫有一座宫门用磁石做成，如果有人身穿盔甲暗藏兵器胆敢入宫行刺的话，就会被磁石门牢牢吸住动弹不得。

我国古代“四大发明”之一的“指南针”无疑与我国古人对“磁”的认识有密切关系。指南针的始祖当属“司南”，战国《韩非子》、东汉王充《论衡》中均提到了司南。史料记载，“司南”大约出现在战国时期，它用天然磁石制成，中国邮政在1953年发行的四张一套的“特7伟大的祖国”邮票中有一张即为“司南”。《韩非子》中记载了司南的作用，“先王立司南以端朝夕”，其中所谓“端朝夕”乃是正四方、定方位的意思。《论衡》对司南的形状和用法做了明确的记录，“司南之杓（sháo），投之于地，其柢（dǐ）指南”。我们知道地球是一个大磁体，它的两极分别在接近地理南极和地理北极的地方，因此地球表面的磁体在转动时就会因磁体“同性相斥，异性相吸”的原理指示南北，司南也正是利用磁石指极性原理在地球磁场中受磁场力的作用实现指示南北的。宋代科学家沈括还发现了“磁偏角”现象，比欧洲要早400多年。

指南车是我国古代天子出行的仪仗车辆之一。传说最早造出指南车的是黄帝，《古今注》有载，“黄帝与（蚩）尤战于涿鹿之野，尤作大雾，军士皆迷，故作指南车以示四方，遂擒尤而即帝位。”另据《孙膑兵法》记载，“辨疑以旗舆”，即用战车之旗帜作为军车辨别方向的标志。故可以推测具有指南功能战车的发明和使用大致在春秋战国时期。不过指南车自发明之后，几经失传而又多次重新发明。第一个在史书中留下姓名的指南车机械专家是马钧，他制造的指南车在东晋安帝义熙十三年

（公元417年）还存在[50]。南北朝时的大科学家祖冲之也曾复原并改进过指南车，如《南齐书·祖冲之传》中的记载，“昇（shēng）明（公元477年—公元479年）太祖辅政，使冲之追修古法。冲之改造铜机，圆转不穷，而司方如一，马钧以来未有也。”《宋史·舆服志》对燕肃在公元1027年所制造的指南车做了较为详细的记载，“其法：用独辕车，车厢外笼上有重构。立木仙人于上，引臂南指。用大小轮九，合齿一百二十。足轮二，高六尺，围一丈八尺。附足立子轮二，径二尺四寸，围七尺二寸，出齿各二十四，齿间相去三寸。辕端横木下立小轮二、其径三寸，铁轴贯之。左小平轮一，其径一尺二寸，出齿十二，右小平轮一，其径一尺二寸，出齿十二。中心大平轮一，其径四尺八寸，围一丈四尺四寸，出齿四十八，齿间相去三寸。中立贯心轴一，高八尺，径三寸。上刻木为仙人。其车行，木人指南。若折而东，推辕右旋，附右足子轮顺转十二齿，击（系）右小平轮一匝，触中心大平轮左旋四分之一，转十二齿，车东行，木人交而南指。若折而西，推辕左旋，附左足子轮随轮顺转十二齿，击（系）左小平轮一匝，触中心大平轮右旋四分之一，转十二齿，车正西行，木人交而南指。若欲北行，或东，或西，转亦如之。”这段记载其实从原理上扫除了指南车就是“指南针”的误解，按照《宋史·舆服志》的记载，宋时指南车也被称为“仙人指路”。指南车是一套自动控制和自动离合的装置，主要是通过齿轮系统将连接指示方向木偶的主齿轮与车子左右车辕的小齿轮系统有机结合起来，进而形成传动，这其中关键在于有效控制左右小齿轮在车辆行驶状态时的离合，以保证指南车车轮转动时带动齿轮传动系统从而拨动木偶改变指向，即所谓

50 邓学忠，姚万明．中国古代指南车和记里鼓车[M]//国家质检总局计量司．计量史话．北京：中国计量出版社，2010：114.

"圆转无穷而司方如一"。但是，指南车毕竟受制造工艺和道路条件限制，行进中会不断累积误差，甚至导致不能持续指南。指南车的原理类似于今天汽车方向盘的逆向传动原理，是运用机械齿轮系统实现指南的，与司南的原理完全不同。指南车的设计和制造无疑体现了我国古代高超的机械设计和制造水准。

◎ 古代计量的管理与文化

显而易见，古代计量制度的建立与我们现在计量管理的道理是相通的，都是人为的，并且具有权威性和强制性，秦始皇“器械一量，同书文字”被后人传颂了上千年。历朝历代对计量、对度量衡实施管理不可能脱离当时的社会背景和历史文化，古代计量、古代度量衡在历史文化的沃土中建立、发展和完善，同时历史文化也赋予了古代计量、古代度量衡更多的，甚至超出计量范畴的寓意。

■ 中国古代计量为什么通常被称为“度量衡”？

“计量”一词出现在20世纪30年代[51]，即1933年2月11日由国民政府公布的《汽车里程表及油量表改用公制推行办法》中规定，“汽车里程表应用公里计程，测量表应用公升计量”[52]。在此之前并无“计量”的官方说法。在我国古代计量中，度量衡无疑是主体。“度、量、衡”三个字从汉语言角度说，既是名词也是动词，作为名词狭义地讲就是“尺、斗、秤”；作为动词就是用“尺、斗、秤”对长短、容量和重量进行测量。

“度”“量”“衡”合称为“度量衡”，大概始于《虞书》所载，“同律度量衡”；“度”“量”“衡”三个独立名字的由来大概出自汉末王莽统治时期刘歆等典领条奏，曰“审度”“嘉量”和

51　国家质检总局．新中国计量史[M]．北京：中国质检出版社，2014：4．

52　该段表述中，“计程”计算里程，用“公里”为单位；“计量”计算容量，用“公升”为单位。此段表述中的“计量”与“度量衡”以及当今所讲“计量”有一定的区别。在此仅表示“计量”一词的出现时间。

"衡权"。之后，进一步阐明"度""量""衡"的则是《汉书·律历志》。《中国度量衡史》曰，"物之长短以尺测之名为度，物之多寡以升测之名为量，物之轻重以天平砝码及秤类测之名为衡"，故曰"度量衡"。由此历朝历代基本遵从并沿用，一直到民国《度量衡法》的颁布。

对于古代计量，历史上除了称"度量衡"外，还有其他名称。一是将"度量衡"称为"度量权衡"，理由是："顾平天秤之法马，及平其他秤类之锤，本为重量，名为权；秤类之用，所以平衡权与物之相均，是名为衡"[53]，故称为"度量权衡"，清代就一度称为"度量权衡"。二是将"度量衡"称为"权度"，理由是："量之多寡不离度，量与度同属于有形大小测量之一类，合名为度；而计轻重者，衡不离权，衡与权同属于无形轻重测量之一类，合名为权"[54]，故称为"权度"，北洋政府统治时期曾称为"权度"，民国四年还颁布了《权度法》。

■ 哪几部史籍曾被誉为我国古代"度量衡"三大正史？

中国近现代计量的奠基人、中国"划一"现代度量衡的创始人之一、国民政府实业部度量衡局局长吴承洛先生在其所著的《中国度量衡史》中明确指出了中国度量衡的三大正史，"由律以及度量衡者，此为历朝正史之所传。开其首者，为《史记·律书》；成其说者，为《汉书·律历志》；而其后则如《后汉书·律历志》《晋书·律历志》《宋书·律历志》《魏书·律历志》《隋书·律历志》及《宋史·律历志》等是。《汉书·律历志》

53 吴承洛．中国度量衡史（民国沪上初版图书复制版）[M]．上海：三联书店，2014：77．

54 吴承洛．中国度量衡史（民国沪上初版图书复制版）[M]．上海：三联书店，2014：77．

《隋书·律历志》及《宋史·律历志》，足称为中国度量衡之三大正史。又为音律家之所记，如宋蔡元定《律吕新书》、明朱载堉《律吕精史》、清康熙《律吕正史》等是。”

在三大正史中，要特别介绍“成其说者”的《汉书·律历志》。东汉班固修撰《汉书》时将《史记·八书》的“律”“历”二书和刘歆的“审度”“嘉量”“衡权”等一系列理论都收入到《汉书·律历志》中。《汉书·律历志》从五个方面对度量衡进行了系统阐述[55]：一曰备数，“数”即一、十、百、千、万，有了数才能推出律历、制造器物、制定度量衡；二曰和声，和声是指乐律之事，而黄钟律又与度量衡互为参校；三曰审度，它载，“度者，分、寸、尺、丈、引也。本起黄钟之长，以子谷秬黍中者，一黍之广度之，九十分黄钟之长，一为一分，十分为寸，十寸为尺，十尺为丈，十丈为引，而五度审矣。其法用铜，高一寸，广二寸，长一丈，而分寸尺丈存焉。用竹为引，高一分，广六分，长十丈……职在内官，廷尉掌之”；四曰嘉量，它载，“量者，龠、合、升、斗、斛也，所以量多少也。本起于黄钟之龠，用度数审其容。以子谷秬黍中者，千有二百实其龠，以井水准其概。合龠为合，十合为升，十升为斗，十斗为斛，而五量嘉矣。其法用铜，方尺而圜其外，旁有兆（庣 tiāo）焉，其上为斛，其下为斗，左耳为升，右耳为合、龠……职在太仓，大司农掌之”；五曰权衡，它载，“权者，铢、两、斤、钧、石也，所以称物平施，知轻重也。本起黄钟之重，一龠

55　丘光明．度量衡的经典著作《汉书·律历志》[J]．中国计量，2012（11）：62-63.

容千二黍，重十二铢，两之为两。二十四铢为两，十六两为斤，三十斤为钧，四钧为石……五权之制，以义立之，以物钧之，其余大小之差，以轻重为宜。圜而环之，令之肉倍好者……职在大行，鸿胪（lú）掌之。”《汉书·律历志》详细载明了我国古代度量衡的单位名称和进位关系；载明了度量衡三个基本量都以黄钟来复现并以“累黍”进行验证的；载明了度量衡标准器的形制、材质、核心以及度量衡管理的行政部门、最高长官等内容。《汉书·律历志》成为目前我国古代最完整、最系统、最权威的有关度量衡的著作，它影响着中国度量衡千年的发展，被历朝历代奉为圭臬和典范，不愧为吴承洛先生所言“三大正史”之首。

顺便提一下，《后汉书·律历志》虽然没有被吴承洛先生言为“三大正史”，但是它对《汉书·律历志》的观点进行了许多有益的补充、说明和完善，主要是：“古人论数也，曰‘物生而后有象，象后有滋，滋后有数’。然则天地初形，人物既著，则算数之事生矣。记大桡作甲子，隶首作数，二者既立，以比日表，以管万事。夫一、十、百、千、万，所同用也；律、度、量、衡、历其别用也。故体有长短，检以度；物有多少，受以量；量有轻重，平以权衡；声有清浊，协以律吕；三光运行，纪以历数。然后幽隐之情，精微之变，可得综也。”不难看出，《后汉书·律历志》是用唯物主义认识论研究并阐述中国古代计量发展史的重要史志[56]。

古代计量的雏形是由“计数”开始的吗？

古代计量的雏形是由“计数”开始的吗？答案是肯定的，

56 艾学璞，刘锡萍．探索挖掘两汉《律历志》中隐含的中国古代计量起源的历史信息[J]. 中国计量，2012 增刊：138.

众所周知，计量是关于测量及其应用的科学，是用数值来表示事物的量的活动。“有了量的概念，具备了计算数目的能力，这二者的结合，就为萌生古代原始计量奠定了基础。”[57]

《中国度量衡史》附录“中国度量衡史大事记略”中讲述中国古代度量衡起源时，列举了三件大事，皆言之凿凿，数与计量密不可分。一是，“黄帝命隶首定数，以率其羡，要其会，律度量衡由是而成”。说明隶首定数之后，以数之大小分出差、余之量，形成计量核心，遂产生律度量衡之计量。二是，“黄帝命伶伦造律吕，推律历之数，由是生度量衡”。说明伶伦造律吕是我国古代发明制造的最古老的标准量具，依黄钟定律导出度量衡单位标准量值，将标准量值通过人造器具进行科学复现，标志着中国古代计量进入科学定量分析的发展阶段，这表明了数是科学计量的基础。三是，“黄帝设衡、量、度、亩、数之五量”。证实黄帝时代，随着数的产生，中华民族科学定量分析的计量科学已经开始孕育着被后世称之为“世界古代计量科技奇葩”的律历度量衡单位量值的导出体系。

《易九家言》中记载，“古者无文字，其有约誓之事，事大，大结其绳；事小，小结其绳，结之多少，随物众寡，各执以相考，亦足以相治也。”大致意思是：在文字诞生之前的原始社

---

57 关增建．计量史话[M]．北京：社会科学文献出版社，2012：10.

会，人们为了记住当时的狩猎数量和生产状况，进而反映出客观经济活动及其数量关系，在不断的生产实践中摸索出了在绳子上打结的记事、记数方法，即每发生一件值得记录的事情便在绳子上打一个结或是接上另一段不一样的绳子，这种记录方式就被称为“结绳记事”，它是远古时代“记数”的行为，与之类似的还有“契（qì）木计时”，可以说这些都是远古时代计量活动的雏形。当然随着人类社会的不断发展，“结绳记事”这种记数方式逐渐不能满足人们的需要，进而被符号、文字、计数工具等形式取而代之。大约 3000 年前商代的甲骨文中出现了 13 个独立的计数符号；西周时期还出现了“钟鼎文”“金文”等计数符号。

《后汉书 · 律历志》追溯中国古代计量起源时讲到“数”的产生，即“古人论数也，曰‘物生而后有象，象后有滋，滋后有数’”。说明人的认识来源于客观存在的物质，客观存在的物质在人的大脑中产生印象并经大脑加工后上升为概念，然后由概念抽象成数；形成理性认识之后，数由此成为对可计量的量进行科学定量分析的唯一表示方法。可见这是用唯物主义史观阐述计量科学与数的关系的科学理论。到了汉代，源于甲骨文的计数符号被逐渐固定下来，最终演变成我国汉字中的小写数字符号“一、二、三、四、五、六、七、八、九、十”等等。

谈到小写的汉字数字，自然而然，我们也会想到汉语中大写的计数文字即“壹、贰、叁、肆、伍、陆、柒、捌、玖、拾”，它们是何时出现的呢？解

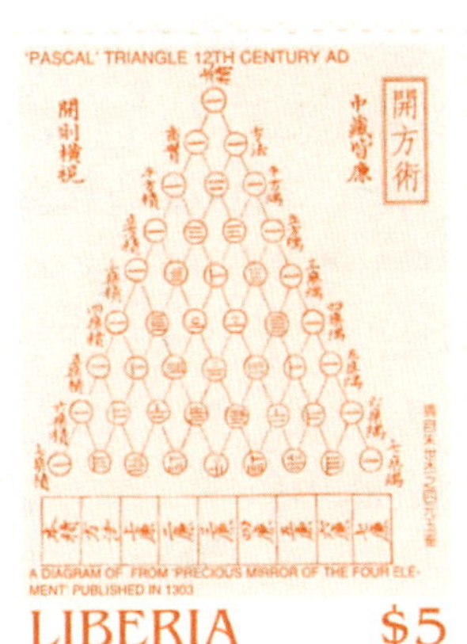

决这个问题，必须首先谈一下我国古代的计算工具“算筹”。《老子》曰，“善数，不用筹策”，其中“筹策”即指计算工具，说明我国春秋晚期已出现算筹。算筹一般使用小竹（也有木、骨）棍组成，计算时用小竹棍“纵”“横”摆放用以计数并照此书写。《孙子算经》记载，“凡算之法，先积其位。一纵十横，百立千僵，千十相望，万百相当”，大致意思是说：算筹计算之法，先看数位，个位用（算筹）纵式，十位用（算筹）横式，百位用（算筹）纵式，千位再用（算筹）横式，万位再用（算筹）纵式，以此类推。如，数字“12”用算筹表示为“一‖”，但是我们不难发现，这种用算筹表示的数字很容易被篡改，如，“一‖”横纵各加个算筹，即变成了“23”即“═|||”。为了防止数字被篡改，我国自唐代以后，开始创制上文提到的“壹、贰、叁、肆、伍、陆、柒、捌、玖、拾”等汉字中的大写数字用以计数。

■ 中国古代有计量器具的检定校正制度吗？

《中华人民共和国计量法》（1986年）第九条规定，“计量行政部门对用于贸易结算……的工作计量器具，实行强制检定。未按照规定申请检定或者检定不合格的，不得使用”，“前款规定以外的其他计量器具……应当自行定期检定或者送其他计量检定机构检定。”这是我们现行计量法中关于计量器具检定的有关规定。那么我国古代是否有度量衡器具的检定校正制度和规定呢？答案是肯定的：有，并且早已有之。不过在古代度量衡领域，“检定”一词的正式使用，从目前发现的史料来看，首见于清末《划一度量权衡制度暂行章程》中；在“检定”一词出现之前，历朝历代曾以“正”“平较（校）”“较（校）勘”“角（《汉书·贾谊传》注‘角，校也’）”“较（校）定”以及“较

（校）准”等词来表示对度量衡器具的“检定”“校正”之意[58]。

《越绝书》记载，“大禹循守会稽，乃审铨衡，平斗斛”，说明夏禹时期已开始有对度量衡器具的检查之制。我国至晚在周朝已经有了明确的关于度量衡器具检定校正的制度。周朝设有专司度量衡的官员，“内宰”“大行人”和“合方氏”。内宰负责颁发度量衡标准器；大行人负责校正诸侯国度量衡标准器，掌管公用度量衡器具；合方氏负责掌管民用度量衡器具。周朝规定民用度量衡器具检定校正的周期一般一年分为两次，春分、秋分各一次，即《礼记·月令》载，“仲春之月，日夜分，则同度量，钧衡石，角斗甬，正权概；仲秋之月，日夜分，则同度量，平权衡，正钧石，角斗甬”。秦始皇统一中国之后，遂颁布诏书推行“一法度衡石丈尺”等统一度量衡的措施，特别是建立了严格的度量衡器具的检定校正制度，在《秦律·工律》中就有这样的记载，“县及工金听官为正衡石累，斗桶升，毋过一岁”，并且当时规定对于不用的度量衡器具也要检定校正，如《内史杂》中有记载，“不用者，正之如用者”。

汉代基本承袭秦代的度量衡制度。一是，《淮南子·时则训》中就记载了汉代时仍承袭着仲春、仲秋之时对度量衡器具进行检定校正的规矩。二是，《黄律》中记载，“称钱衡，以钱为累劾，曰四铢，敢择轻重衡及费用，劾论罚徭，里家十日”，大意是说：铸造四铢钱所用的衡器，要用标准累（权）去检定校正，违反者要罚服劳役十天。三是，存世的东汉“大司农铜斗”等器具上有镶进检封的方穴。所谓“检封”是度量衡器具经过官方检定校正后的封印，相当于现代计量管理部门检定后加盖的检定印和发给使用单位的合格证，检封正面还有印文“官律所

58 陈传岭．我国何时开始使用“检定”一词[J]．中国计量，2016（7）：61．

平”，它是指经过官府检定校正，量值符合标准[59]。

唐代规定度量衡事务由太府寺掌管，《唐会要·太府寺》载，“武德八年九月，诸州斗秤，经太府较（校）之”，唐代时大致每年八、九月检定校正斛、斗、秤、度，并加盖印署后方可使用，凡是不按照规定进行检定校正的，使用不合格的度量衡器具的，必将受到惩处。到了明代，《明会典》记载，“洪武元年，令兵马司并管市司，三日一次较（校）勘街市斛、斗、秤、尺，并依时估定其物价”，意思是说：三日检定校正一次街市上的度量衡器具；同时对于不符合标准要求的，还要给予处罚。《明史·职官》中也有记载，“凡度量权衡，谨其较（校）勘而颁之，悬式于市而罪其不中度者”。另外，明朝还规定由朝廷颁布标准的铁斗、铁升转发各地，各地再逐级复制检定校正烙印后方可颁发使用。清代规定“私用未经官府校勘烙印的度量衡，就是大小轻重和法定的制度相等，也要笞（chī）四十”；“各衙门制造的度量衡，若是不守法定的形式，主任官吏和工匠，应受笞刑七十。监督官吏不知情的罪减一等，知情的和他们同罪”[60]。

当然我们也应该注意到，虽然历朝历代有明确的度量衡制度，有度量衡器具的检定校正措施，但是很多史料记载，这些制度、措施在实际的实施过程中往往“阳奉阴违”“各自为政”，这在一定程度上导致了度量衡管理相对混乱的局面。

■ 我国古人怎么保证市场公平交易？

市场交易是否公平，是每个老百姓都比较关心的事情之一。我国古代同样重视市场的公平交易，其中重要的措施之一就是

59 易水．我国古代、近代计量法制概述[C]//河南省计量局．中国古代度量衡论文集．郑州：中州古籍出版社，1990：428.

60 林光澂，陈捷．中国度量衡[M]．上海：商务印书馆，1930：30.

加强对度量衡器具的管理。

据《隋书·赵煚（jiǒng）传》记载，“冀州谷薄，市井多奸诈，煚为铜斗铁尺，置之于肆，百姓便之。上闻而嘉焉，颁告天下，以为常法。”这段话记载了北周时期赵煚首创设置铜斗铁尺等“公正器”于市的举措，推测当时的北周武帝是推行市场置放计量公正器，使“百姓便之”，保证市场公平交易的第一位皇帝。在我国周朝专门设有办理地方度量衡事务的官员叫“司市”，其下还设有具体管理市场度量衡的职位叫“质人”，他们对市场上因度量衡不准而发生的纠纷“巡而考之，犯禁者举而罚之，市中成贾，必以度量”。汉代在继承秦代度量衡制度的基础上继续加强度量衡器具的管理，促进市场公平交易，《后汉书》对此就有这样的记载，“京兆尹伦，平权衡，正斗斛，市无阿枉，百姓悦服。”

唐代《新唐书·柳仲郢（yǐng）列传》记载了依法维护市场公平交易的情况，“宰相李德裕不为嫌，奏拜京兆尹。置权量于东西市，使贸易用之，禁私制者。北司吏入粟违约，仲郢杀而尸之，自是人无敢犯，政号严明。”这段话阐述了柳仲郢官拜京兆尹，他为维护市场公平交易，打击利用计量器具舞弊的行径，在长安东、西两市设置了计量公正器。当他发现北司官吏违约舞弊时，当即将其绳之以法。《唐律疏议》对度量衡及度量衡违法行为作出了严格的规定，其第二十九条这样规定，“校斛斗秤度，诸校斛斗秤度不平，杖七十，监校者不觉，减一等，知情与同罪”；第三十一条还规定，“私作斛斗秤度。诸私作斛斗秤度不平，而在市执用

者，笞五十。因增减者，计所增减准盗论”等。另外，在古代“概”“格”等辅助器具起着保证公平交易的重要作用。在《唐六典》中有这样的记载，“京都诸市令掌百物交易之事；丞为之贰。凡建標立候，陈肆辨物，以二物平市，谓秤以格，斗以概”；《唐令拾遗》中也有相关记载，“凡用秤者，皆悬以格；用斛者，皆以概”。这其中的“格”指的是限制秤杆末端低、昂的框架；“概”指的是刮平斗、斛之类容器的工具。可见唐代为纠正“仓场交纳之弊”，严禁私造斗秤，是大力提倡以“格、概二物平市”的。宋代时还将上口大且使用不准、不便的圆柱形量器改为上口小下底大的方形之“斛”，这种式样的斛出入之间盈亏相差不远，且口狭易于用“概”，有利于防止舞弊，维护公平交易。明朝对街市商用的度量衡器有着严格的管理，牙行市铺所用的度量衡器须赴官印烙；乡村民间所用斛、斗、秤、尺与官降相同者许令行使。同时，明朝还规定对于私造度量衡器具的，“两邻知而不举”或主管的官吏不行觉察之责，则“事发一体究罪”。

1935年1月1日国民政府颁布的《刑法》中，专门列有“伪造度量衡罪”章节，共四条，它规定：凡制造违反规定的度量衡器，处一年以下有期徒刑、拘役或300元以下罚金；贩卖违反规定的度量衡器，处六个月以下有期徒刑、拘役或300元以下罚金；使用违反规定的度量衡器，处300元以下罚金；凡不合规定的度量衡器，一律予以没收。在刑法中能列入上述条款，说明在法律层面上，当时国民政府对计量器具管理及公平交易，还是比较重视的，这在当时中外刑法典中较为少见[61]。

61　易水．我国古代、近代计量法制概述[C]∥河南省计量局．中国古代度量衡论文集．郑州：中州古籍出版社，1990：441．

■ 民国时期度量衡领域的“甲、乙”制是怎么回事？

辛亥革命后的民国初年，为“适应世界潮流”，当时的政府以“非全废旧制不可”的决心提出了采用万国权度制的提议，目的是变革当时中国“旧制度量衡无确切之依据，且复杂参差，进位之法毫无一定，量衡与度相关之数亦复畸（jī）零不整，不便计算”的混乱状态。

不过在议定推行万国权度制中确实遇到了一系列有争议的问题。争议一，取译音还是译意。一种主张全盘使用万国公制单位的音译，另一种主张使用万国公制单位的译意。但是这两种主张各有利弊，最终确定“译音不如译意，译意不如仍用旧有之‘升’‘斤’‘两’等字之为得也”，也就是说既不完全采用音译也不完全采用译意，而是以我国原有度量衡的名词作为基础，同时决定“以中国原有名称，而冠以‘新’字……谓之新斤新里”来区分原有的“斤”“里”等与采用万国公制后的“斤”“里”等。争议二，用“新”还是用“公”。争议一解决后，当时有一种主张，不同意用“新”字，而要求将“新”改成“公”，即原定的“新斤”“新里”等最终确定为“公斤”“公里”——大概这就是我们现在所称的“公斤”“公里”名称之始吧。争议三，“公尺过长，公斤过重”。当时有一种主张“以公尺过长，公斤过重，数千年之民情习俗不易变更”为由，拟“采取两制并行之法”，这种主张称“一为营造尺库平制，省称甲制，一为万国权度通制，省称乙制，甲乙两制虽同为法定制度，而甲制不过为过渡时代之辅制，比例折合，均以万国权度通制为标准”。这个主张最终被当时的政府采纳。

所谓的“甲、乙”二制即“一为营造尺库平制，省称甲制，一为万国权度通制，省称乙制”。民国四年（公元 1915 年），北洋政府颁布实施了《权度法》，以法律形式确定了“甲、乙”二制，其规定：“权度以万国权度公会所制定铂铱公尺公斤原器为标准。权度分为两种。甲、营造尺库平制，长度以营造尺一尺为单位，重量以库平一两为单位。营造尺一尺，等于公尺原器在百度寒暑表零度时首尾两标点间百分之三二，库平一两，等于公斤原器百万分之三七三零一。乙、万国权度通制，长度以一公尺为单位，重量以一公斤为单位，一公尺等于公尺原器在百度寒暑表零度时首尾两标点间之长，一公斤等于公斤原器之重。”另外，《权度法》颁布实施“甲、乙”二制后，北洋政府将原设在北京的度量衡制造所改名为权度制造所，制造权度标准器；还计划增设“津、沪、汉、粤”四处检定所，并由天津检定所负责办理“济南、烟台、开封、奉天（沈阳）”等重要城市的相关检定业务；由上海检定所主要负责“南京、芜湖、苏州、杭州”等城市的检定业务；由汉口检定所管理“南昌、九江、岳州（岳阳）、长沙”等地计量检定业务；由广州检定所辖管“汕头、厦门、福州”等地业务，目的就是“嗣（sì）奉大总统令”推行《权度法》以期“藉收速效”。不过，由于北洋政府时期，政权更迭，军阀混战，《权度法》及相关配套政策虽然颁布，但实际上却是形同虚设，对当时度量衡的混乱状态并无些许实质性改善。

■ 民国时期度量衡领域的“一、二、三”制是怎么回事？

所谓“一、二、三”制，实际准确名称应为国民政府工商部拟定的“一二三权度市用制”。这个制度最终在民国十八年（公元 1929 年）二月颁布实施的《度量衡法》中得以法定化。

《度量衡法》颁布前，由吴承洛先生参与的《中华民国权度标准方案》本着“全国权度亟（jí）宜划一，民间习惯亦当兼顾”的指导思想，提出了这样的议案，“一、标准制，定万国公制为权度之标准制。长度以一公尺为标准尺。容量以一公升为标准升。重量以一公斤为标准斤。”“二、市用制，以与标准制有最简单之比率而与民间习惯相近者为市用制。长度，以标准尺三分之一为市尺，计算地积以六千平方尺为亩。容量，即以一标准升为升。重量，以标准斤二分之一为市斤，一斤为十六两。”

《度量衡法》将上述方案内容悉数采纳，并在该法的第一条至第六条中予以明确规定。所以“一、二、三”制是《度量衡法》的核心内容之一，即：1 市升 =1 公升、2 市斤 = 1 公斤、3 市尺 =1 公尺。市制单位的法定换算关系是：在 1 市尺 –1/3 公尺的前提下，1 市毫 =0.0001 市尺、1 市厘 =0.001 市尺、1 市分 =0.01 市尺、1 市寸 =0.1 市尺、1 市丈 =10 市尺、1 市引 =100 市尺、1 市里 =1500 市尺；在 1 市斤 =1/2 公斤的前提下，1 市丝 =0.000000625 市斤、1 市毫 =0.00000625 市斤、1 市厘 =0.0000625 市斤、1 市分 =0.000625 市斤、1 市钱 = 0.00625 市斤、1 市两 =0.0625 市斤、1 市擔（dàn）=100 市斤；在 1 市升 =1 公升的前提下，1 市撮 =0.001 市升、1 市勺 = 0.01 市升、1 市合 =0.1 市升、1 市斗 =10 市升、1 市石 =100 市升。

《度量衡法》的颁布在一定程度上有助于当时的中国统一度量衡，但是该法中规定的“公制”并未得到广泛推行，只有“市制”因为与百姓生活联系紧密，才逐渐被推广流行开来。

■ 为什么公历年中八月有 31 天而二月要么 28 天要么 29 天？

从古至今，“年”“月”“日”始终是时间计量的重要内容。不知道是否有人思考过，公历年 12 个月中，为什么八月以前单数月是31天的大月，而八月和八月后却变成双数月为大月？为什么二月通常28天，而每隔三年，二月又变成29天呢？

公元前46年，罗马制定新历并以当时罗马皇帝儒略·凯撒的名字命名为“儒略历”。儒略·凯撒规定，他本人出生的七月为大月31天。这样一来，儒略历规定一年12个月，单月为大月31天，双月为小月30天，一年共366天。但是它比回归年（太阳年）——指太阳两次通过春分点所经历的时间——365.2422天要长，于是就从二月减去一天，双月本规定30天，减去一天后，二月变为29天。但是这样处理，导致儒略历年又比回归年短了，由此又决定每隔三年加一个闰年，即每隔三年二月为30天。这样一来，四年内前三年为365天，第四年为366天比前三年多一天，把多出来的这一天平均分配一下，儒略历最终规定一年为365.25天。但是365.25天还是比回归年的365.2422天每年多0.0078天即平均每年多了11.232分钟，推算一下不难得知，如果按照儒略历的话，每128年就会比回归年多出整整一天的光景。

上文说了，儒略历规定的每隔三年加一个闰年，实为四年一闰，但是执行者却把“每隔三年加一个闰”误认为“三年一闰”，就这样自儒略历施行后误行了三十多年。直到公元前9年才由罗马皇帝奥古斯都纠正过来。奥古斯都出生在八月，为了显示其纠错功绩，他将八月强行改成大月31天，而且把八月后的大小月全部颠倒了，这就是为什么每年八月前单数月为31天的大月，而八月和八月后的双数月却为大

月。这样的修改就直接导致一年平白无故地增加了一天。为了抹平这多出来的一天，只能又把平年的二月从 29 天再削减一天变成 28 天，把原来闰年的二月 30 天削减为 29 天。

直到公元 1582 年，基督教国家开会对儒略历进行了进一步的改革，通过把儒略历每四年一闰改成每 400 年 97 闰，使一年的平均长度变为 365.2425 天，与回归年比较仅长 0.0001 天，即每年与回归年仅有大约 8.64 秒的差距。这次改革后的历法被称为“格里历”或“新历”。现在国际通行的公历即源于“格里历”，一年 12 个月，每年平均 365.2425 天。我国自 1912 年后推行的公历主要源自“格里历”。

应该说，现在公历中八月是大月，八月后的双数月为大月，二月平年 28 天、闰年 29 天等规定，其始作俑者均可以溯源至公元前 9 年的罗马皇帝奥古斯都。

■ 公历、阳历，农历、阴历，阴阳历都是怎么回事？

我们元旦时要放假，人们常说这是阳历新年；我们春节时还要放假，人们会说这是我们的农历新年……日常生活中我们经常会说到“公历”“阳历”“农历”“阴历”，那它们到底是什么呢？

首先说“历”。历即为历法，是指推算年、月、日，并使其与相关天象对应的方法。阳历，顾名思义与太阳有关系，属于太阳历。现在国际通行的公历即源于“格里历”，属于阳历，一年 12 个月，每年平均 365.2425 天。我国自 1912 年后才逐步推行公历。古巴比伦人以测出的太阴月的持续时间为标准，根据月亮的圆缺制定了阴历，规定每月 29 天或 30 天，但是这个历法很不准确，后来人们又以月球绕地球一周的时间来考量，规定 29.53059 天为一月，大月 30 天，小月 29 天，一年为 12 个月，

算下来一年总天数为354天或355天。伊斯兰教历就是阴历的一种。而阴阳历是兼顾阳历和阴历的一种历法，既重视月相盈亏的变化，又照顾寒暑节气，年、月长度都依据天象而定。

我国的传统历法实际上是一种阴阳历，也称“夏历”“农历”，《辞海》注，“辛亥革命后，一般将我国历代颁行的阴阳历叫夏历”，也就是结合了阴历和阳历而创造的历法。一方面是以朔望月作为历月的主要标准，一方面又以回归年作为历年的标准。把两种历法方式结合起来推算新的历法，是我们祖先的伟大创造，它至迟在殷商时期已经初见，至汉代历法已有定型的文本并流传至今[62]，它以月亮圆、缺循环一次作为一个月，12个月为一年，每年354天或355天，大月30天——古称“大尽”，小月29天——古称“小尽”，每隔二至三年加一个闰月，我国大约在春秋中期以后改“十九年七闰”来调整时令，以保证历年的平均长度约等于一个太阳年，同时也和时令基本吻合。另外，我国传统历法中的二十四节气通常被人们误认为是阴历，其实不然，它是根据太阳在黄道上的位置决定的，用以表示四季寒暑的变化，属于阳历。

62　中国科学院自然科学史研究所．中国古代重要科技发明创造[M]．北京：中国科学技术出版社，2016：4.

■ 什么是“车同轨”？

公元前221年，秦始皇统一全国后除了统一度量衡、统一文字、统一货币外，还统一了车轨，即所谓“一法度衡石丈尺，车同轨，书同文”。“车同轨”就是指车的两个轮子之间的距离相同。

古代车轮子的材质一般是木头的，外加铁箍（gū）箍紧，史书称之为“铁笼”。那时车子在泥土或石板铺制的道路上行驶，年深日久之后就会在路上留下两道深深的车轮痕迹，即车辙，之后的车辆都是沿着这两道车辙来行走的，以确保平稳和方便，如果不按照前车形成的车辙行进则会非常颠簸，成语“南辕北辙”中的“辙”说的就是这种车轮痕迹。战国时期，由于诸侯长期割据加之地域差异，形成了如《说文解字》所载，“田畴异亩、车涂异轨、律令异法、衣冠异制、言语异声、文字异形”的混乱局面。其中“车涂异轨”就是说当时各国的车轮间距都不相同，当然车辙也就不可能一致。“彼国”不同轨距的车辆在“此国”有车辙的道路上行驶是很不方便的，不能来去自由，但是这种“不方便”却有助于各诸侯国利用这种车辙来进行防御，以阻挡或延缓其他国家的侵略和进攻。

秦始皇统一中国后，颁布法令要求“车同轨”“舆六尺”，规定车的轨距都是秦六尺宽，秦一尺约合今23.1厘米，六尺约合 138.6 厘米左右。有学者对出土的秦陵兵车、马车的部件进行过测量，其轨距大多在 130 厘米至 150 厘米之间，相当于秦六尺左右。秦始皇在规定“车同轨”的同时，还规定了车道的标准，《史记 · 秦始皇本纪》载，“二十七年（公元前 220 年），修驰道”。据考证，驰道的宽度约为秦五步宽，秦时六尺为步，车轨为六尺也就是一步，驰道为五步，则相当于秦时车轨的五倍[63]。秦始皇统一车轨，统一驰道，一方面极大地方便了车辆行进，另一方面，也是更重要的，秦始皇“一法度衡石丈尺，车同轨，书同文”的措施，对促进当时全国的经济社会发展，巩固自身的统治有着非常重大的意义。“车同轨”遂成为国家统一、政令畅通的象征之一。

■“尺”和“丈”在中国古代有什么特殊寓意？

《汉书 · 律历志》载，“度者，分、寸、尺、丈、引也，所以度长短也”，可见“尺”“丈”均是我国古代度量衡长度的基本单位，当然不仅如此，古人还赋予了“尺”“丈”一些特殊的寓意。

《论语 · 泰伯》中有这样的记述，“可以托六尺之孤，可以寄百里之命，临大节而不可夺也”，这其中的“六尺”即指代未成年且个子不高的孩子；《论语》成于春秋，按当时的尺度一尺约合 23.1 厘米，故“六尺”约为 138.6 厘米；《论语 · 泰伯》本身描写的是商周时期的吴泰伯，按西周时的尺度——《通志》载，“夏尺十寸，周尺八寸”——一尺约合 19.7 厘米，故“六尺”为 118.2 厘米；商代的尺度比西周还要略小。所以“六尺”无论是 138.6 厘米还是 118.2 厘米都是用来形容个子不高且未成年的孩子。在我国古代类似的指代手法还有“七尺”“五尺”

63 邓学忠．秦始皇统一大业中的度量衡和古代标准化[M]// 国家质检总局计量司．计量史话．北京：中国计量出版社，2010：77.

等。古人常以“七尺”来指代成年人，比如，荀子曰，“小人之学也，入乎耳，出乎口，口耳之间，则四寸耳，曷足以美七尺之躯哉”；《周礼 · 地官 · 乡大夫》载，“国中自七尺以及六十，野自六尺以及六十有五，皆征之”；《吕览》曰，“凡民自七尺以上，属诸三官，农攻粟，工攻器，贾攻货”。同时古人还以“五尺”指代幼年的孩童，《孟子 · 滕文公上》载，“从许子之道，则市价不贰，国中无伪；虽使五尺之童适市，莫之或欺。”

当然，除了“五尺”“六尺”“七尺”有特殊指代外，人们耳熟能详的“八尺男儿”也是特殊的指代，《说文解字》载，“周以八寸为尺，十尺为丈，人长八尺，故曰丈夫”，可见“八尺”即指代“丈夫”，其产生于周代，原意是指成年男人，如今“丈夫”一词则演变为对已婚男子的特定称谓。另外，《论语 · 微子》中有“遇丈人，以杖荷莜（yóu）”的记载，不过这其中的“丈人”可不是我们现在通常所指的“岳父”，古时“丈人”是指年纪大的老人。丈，除了“丈夫”“丈人”这些特殊指代外，我们都知道“方丈”是对寺庙住持僧人的尊称，但为什么用“方丈”来称呼寺院住持僧人呢？它与度量衡中的“丈”有什么关系呢？在《佛学大辞典》中是这样表述的，“禅林之正寝，住持之住所也，故称寺主曰方丈，因其住于此也”，可见住持僧人的居所面积乃一平方丈，这在《西游记》中也有佐证，“打扫干净方丈，安寝一宿”。除了住持僧人住房面积是一平方丈外，据说住持僧人身上所披袈裟面积也正好是“一平方丈”，用其“丈量”面积十分方便[64]。当然从度量衡角度看，我国古代称“一平方丈”的面积时也称为“方丈”。

“尺”作为长度测量的工具也被古人赋予了多种寓意。唐代大诗人李白《上清宝鼎》诗，“仙人持玉尺，度君多少才；玉尺

64 史子伟．计量拾贝[J]. 中国计量，2012增刊：141.

不可尽，君才无时休。”其中，“玉尺”被引申为选拔人才的标准，也就是把“玉尺”当成一种广义上度量“人文”“才学”“才艺”及“修养水平”的抽象尺度。东晋时郭璞（pú）的《葬书》中还载，“土圭测其方位，玉尺度其遐迩”，“遐迩”原意为远、近，这里所指的“远近”当然不仅仅是度量衡上讲的长度和距离概念，而是一种抽象标准的概念，所以要用神仙的“玉尺”来度量。

■“称心如意”体现了怎样的度量衡文化？

在《感皇恩》中有这样的记述，“称心如意，剩活人间几岁？洞天谁道在，尘寰（huán）外。”这当中“称心如意”自然是形容心满意足，事情的发展完全符合心意的意思。直观看来，它和我国古代的度量衡似乎没有什么必然的关系。其实不然，“称心如意”的关键在于“称”。

“秤”和“称”作为我国古代度量衡的衡器名在今天看来已无异议，均统一称呼为“秤”。但是考其源，“秤”多是指使用大型权器的等臂大天平；“称”原是衡器通称。从我国古代衡器的发展来看，最初出现的是天平，大约在春秋战国时期开始由天平逐步向杆秤过渡，至迟到东汉三国时期，天平中间的提纽从衡杆中间移到一端并刻斤两之数于衡杆上，出现了提系杆秤[65]，三国时代的韦昭曾对《国语·周语下》中的“单穆公谏景王铸大钱”篇有这样的注解，“衡，稱（chèng）上衡，衡有斤两之数”，这说明衡杆上可读出斤两之数，明显是杆秤的特征了[66]。我国在南北朝以后“秤”和“称”二字曾通用，大约到了

65 王云．魏晋南北朝时期的度量衡[C]//河南省计量局．中国古代度量衡论文集．郑州：中州古籍出版社，1990：333.

66 骆钦华，骆英．中国何时出现杆秤？——《漫话杆秤》之三[M]//国家质检总局计量司．计量史话．北京：中国计量出版社，2010：103.

唐代，“秤”进而专指提系杆秤[67]。千年来，杆秤作为称量器具一直用于商品交易中，直到 1994 年 9 月，原国家技术监督局等部门发布《关于在公众贸易中限制使用杆秤的通知》规定“市场交易中一律禁止使用杆秤”，之后杆秤逐步退出法定计量器具行列。但是这些都不会影响杆秤所彰显的我国古代度量衡特有的文化。

杆秤不仅用于商品交易中，在婚礼、乔迁等庆典仪式上，也常常用来表示吉祥如意的祝福。在清朝满族婚礼大典时就要用到杆秤。新人举行过“拜天地”“拜祖先”“拜高堂”“夫妻对拜”后，新郎要当着参加婚礼的众宾客的面，用秤杆慢慢揭开蒙在新娘头上的盖头，一睹新娘风采，表示对这桩婚姻“称”心如意的祝福[68]。当然，婚礼上用杆秤的秤杆揭盖头，有的用的是普通杆秤的秤杆，也有使用戥秤的秤杆揭盖头的。戥秤本名为“等子”，这就被人们赋予了“等待生儿子”之意，又因为戥秤相对于普通杆秤的量程较短，以致戥秤的秤杆相对普通杆秤的秤杆要短些，自然戥秤秤杆上的秤星相对于普通杆秤的秤星就显得更密集些，这又被人们寓意为“多子多福”之意。所以用戥秤的秤杆揭盖头在“称心如意”的基础上又增加了“早生贵子”和“多子多福”之意。

■ 中国传统秤杆上的“秤星”有什么特殊寓意？

杆秤至迟自东汉开始出现，由于它制作和使用均比较便捷（当然其准确度不如天平），很快在商业、农业、税收以及民间日常生活中得到了广泛的应用。社会生活的需要无疑促进了杆

67 刘东瑞．谈战国时期的不等臂秤“王”铜衡[C] // 河南省计量局．中国古代度量衡论文集．郑州：中州古籍出版社，1990：301-302.
68 刘继义，韦靖．计量成语故事[J]. 中国计量，2014（11）：60.

秤的技术进步。我国宋代已经可以制造出百斤（旧衡制）以上的大型杆秤、一斤到十五斤的小型杆秤，特别是还创造了更加精细的戥秤。而且杆秤在宋代得到重大完善发展后，历经元、明、清的广泛应用，技术上获得不断改进，使杆秤的计量性能日臻完善。到了清末，除了国库、府库等收支金银依然主要使用天平外，社会生活中的其他称重基本都是用杆秤来完成的。可以说杆秤对我国两千多年封建经济的发展、商品交换和百姓日常生活等方面都发挥了重要作用[69]。直到1994年9月，原国家技术监督局等部门发布《关于在公众贸易中限制使用杆秤的通知》，杆秤才开始逐步退出历史舞台。

两千多年以来，杆秤在商品交易和百姓生活中发挥着重要作用。所以人们都非常看重杆秤称量的准确性，对日常生活中商品交易时杆秤是否“缺斤短两”往往会非常“斤斤计较”。因此，人们对杆秤秤杆上的秤星赋予了特殊的含义。相传秤星是天上的星，由秤头到秤尾，头一星叫“定盘星”，朱熹在《水调歌头·雪月雨相映》中曰，“记取渊冰语，莫错定盘星”，可见定盘星的重要。定盘星之后依次还有十六颗秤星，分别是“南斗六星”——天府星、天梁星、天机星、天同星、天相星、七杀星，“北斗七星”——天枢星、天璇星、天玑星、天权星、玉衡星、开阳星、瑶光星，以及“福”“禄”“寿”三星。传说定

69　骆钦华，骆英．中国杆秤的发展演变[M]//国家质检总局计量司．计量史话．北京：中国计量出版社，2010：107.

无汗腺）；古人讲的“忘八端”（指忘记了孝、悌、忠、信、礼、义、廉、耻等八种端行），更是被现在人粗鲁地演绎成“王八蛋”了。

■ 中国古代“权衡”有什么特殊寓意吗？

“权衡”是指我国古代称量物体轻重的衡器。何谓“权”，其指秤锤或砝码，《广雅 · 释器》载，“锤谓之权”；权也有称量之意，《孟子 · 梁惠王上》载，“权，然后知轻重”。何谓“衡”，通常指衡杆，如《九章算术 · 方程》载，“今有五雀六燕，集称之衡”，《荀子 · 礼论》载，“衡诚县（悬）矣，则不可欺以轻重”，《礼记 · 经解》述，“犹衡之于轻重也”，《韩非子 · 扬权》载，“衡不同于轻重”。“权衡”合起来指“秤”或天平，权乃秤锤或砝码，衡乃衡杆，《庄子 · 胠（qū）箧（qiè）》曰，“为之权衡以称之，则并与权衡而窃之”；《淮南子 · 泰族训》云，“欲知轻重而无以，予之以权衡，则喜”。现在我们把“权衡”的称量之意引申为衡量、比较之意，比如我们常说“权衡得失”，两利相遇取其“重”，两害相遇取其“轻”，这其中“轻”“重”无疑是取自“权衡”用于称量轻重之意。

据史料记载，在我国古代权衡的标准器一般只有王府中才有，正如《尚书 · 夏书 · 五子之歌》所载，“关石禾钧，王府则有”，“关”即衡也，“关”“石”“钧”等都是官府确定赋税、取信万民的度量衡工具。当然这句话也说明只有官府即有权有势者才能掌握“权衡”，并由此引申为有“权”者才能掌控“权衡”，这在一定程度上象征着统治和权力。现在我们细心观察各单位、各部门所使用的公章，其形状直观看很像古代“权”的变异，而且公章的大小也反映出部门“权”力的大小，根据有关规定，国务院的印章直径六厘米；正部级机构印章直径五厘米；副部级机构印章直径比正部级机构再小半厘米……可见这

"权"还真不可小视[71]。

我国古人报时是"晨钟暮鼓"还是"晨鼓暮钟"？

唐代李咸用《山中》诗曰，"朝钟暮鼓不到耳，明月孤云长挂情"；宋代欧阳修在《庐山高》中记载，"但见丹霞翠壁远近映楼阁，晨钟暮鼓杳（yǎo）霭（ǎi）罗幡（fān）幢。"这两句话中都提到"晨钟暮鼓"，从字面来看，"晨钟暮鼓"至少与时间计量有关。

在钟表尚未发明的年代，我国古人即掌握了用声音"敬授民时"的统一时间、统一作息的实用方法。司马迁的《史记·历书》讲述了"昔自在古""时鸡三号，卒明"，这是写入史书的最原始的计量报时方法之一，它通过每日鸡鸣三号之声，统一每日昼时之起点，保证人们"日出而作，日落而息"的社会活动规律。当发明了钟、鼓，并用钟、鼓播报时间后，钟、鼓遂成为计量报时的器具。我们知道古人以漏刻等测得时辰，并以十二地支序之，即类似于今天计量学上讲的"守时"；然后再以"敲钟""击鼓"的方式报时，即类似于今天计量学上讲的"授时"，以便让民众知晓。《宋史·律历志三》对此作了详细的描述，"漏刻，《周礼》，挈壶氏主挈壶水以为漏，以水火守之，分以日夜，所以视漏刻之盈缩，辨昏旦之短长。自秦、汉至五代，典其事者，虽立法不同，而皆本于《周礼》。惟后汉、隋、五代著于史志，其法甚详，而历载既久，传用渐差。国朝复挈壶之职，专司辰刻，署置于文德殿门内之东偏，设鼓楼、钟楼于殿庭之左右。其制有铜壶、水称、渴乌、漏箭、时牌、契之

71　史子伟．计量拾贝[J]．中国计量，2012增刊：142．

属：壶以贮水，乌以引注，称以平其漏，箭以识其刻，牌以告时于昼，契以发鼓于夜，常以卯正后一刻为禁门开钥之节，盈八刻后以为辰时，每时皆然，以至于酉。每一时，直官进牌奏时正，鸡人引唱，击鼓一十五声，至昏夜鸡唱，放鼓契出，发鼓、击钟一百声，然后下漏。每夜分为五更，更分为五点，更以击鼓为节，点以击钟为节。每更初皆鸡唱，转点即移水称，以至五更二点，止鼓契出，五点击钟一百声。鸡唱、击鼓，是谓攒点，至八刻后为卯时正，四时皆用此法。禁钟又别有更点在长春殿门之外，玉清昭应宫、景灵宫、会灵观、祥源观及宗庙陵寝亦皆置焉，而更以鼓为节，点以钲为节。”我国自秦汉以后，朝廷中大致设立了三套管理漏刻计时的班子，一套班子专属于天文机构，一套班子专司于皇宫，一套班子由皇太子管理，同时把“昼夜漏刻制度”“标准漏刻形式”“计时制度”等法律条文向全国公布并指导遵行；自隋代开始，不仅在京城设置钟鼓楼报时，而且还在州、郡、府、县衙门所在地也都设置有钟鼓楼，“晨钟暮鼓”不间断地准点报时[72]。史料记载，唐代和唐代以后一般实行的是“晨钟暮鼓”制度，钟鸣则城门开启万户活动；鼓响则城门关闭入夜休息，如白行简《李娃传》提到，“久之日暮，鼓声四起”。

72　邱隆．话说中国古代计量的发展[M]//国家质检总局计量司．计量史话．北京：中国计量出版社，2010：35.

但是，唐代以前的汉魏时期则实行的是“晨鼓暮钟”制度，与“晨钟暮鼓”制度正好相反，比如蔡邕（yōng）在《独断》中记载，“鼓以动众，钟以止众。夜漏尽，鼓鸣即起；昼漏尽，钟鸣则息也”，这句话的大致意思是：用于夜晚计时的漏刻快漏尽了，说明天将大亮，此时击鼓；用于白天计时的漏刻快漏尽了，说明天将入夜，此时敲钟。

频频鼓声、优雅钟声几千年来响彻华夏大地，计量科技文明渗透于中华民族的日常生活之中；文人墨客遂将这种古代计量报时制度赋予诗情画意，将“晨钟暮鼓”凝练成成语传承于华美的诗句之中。无论“晨钟暮鼓”还是“晨鼓暮钟”都是对我国古代以击钟敲鼓之声报时方法的描述。

■ 人到六十岁为什么称“花甲”？

一个人的年龄到了六十岁时会被习惯性地称为“花甲”。“花甲”是“花甲子”的简称，这一名称的来历与我国古代时间计量上的“干支”纪年密不可分。中国古人“干支”纪年、纪月、纪日的“干”指天干，由“甲、乙、丙、丁、戊、己、庚、辛、壬、癸”十个天干组成；“支”即为地支，由“子、丑、寅、卯、辰、巳、午、未、申、酉、戌、亥”十二个地支组成。

关于天干和地支的含义，在《史记 · 律书》《汉书 · 律历志》中均有记载。“天干”的含义：“甲”即“拆”意，指万物剖符甲而出也；“乙”即“轧”意，指万物出生抽轧而出；“丙”即“炳”意，指万物炳然著见；

"丁"即"强"意，指万物丁壮；"戊"即"茂"意，指万物茂盛；"己"即"纪"意，指万物有形可纪识；"庚"即"更"意，指万物收敛有实；"辛"即"新"意，指万物初新皆收成；"壬"即"任"意，指阳气任养万物之下；"癸"即"揆（kuí）"意，指万物可揆度。"地支"的含义："子"乃"兹"意，指万物兹萌于既动之阳气下；"丑"乃"纽"意，指阳气在上未降；"寅"乃"移"意，指万物始生寅然也；"卯"乃"茂"意，指言万物茂也；"辰"乃"震"意，指万物经震动而长；"巳"乃"起"意，指阳气之盛；"午"乃"仵"意，指万物盛大枝柯密布；"未"乃"味"意，指万物皆成有滋味也；"申"乃"身"意，指万物的身体都已成就；"酉"乃"老"意，指万物之老也；"戌"乃"灭"意，指万物尽灭；"亥"乃"核"意，指万物收藏。

关于干支纪日，我国有文字可考的最早的科学纪日是殷商时期甲骨文的"干支表"[73]。史料记载，我国从公元前722年二月的"己巳"日开始纪日，直到公元1911年止，历经2600多年，它是目前世界上所知最长的纪日资料。以十二地支纪月至迟出现在春秋时代，以冬至所在之月为子月，顺序排列；天干和地支结合起来纪月则较晚出现[74]。干支纪年至今仍在使用，其大致始于东汉初年，我们熟悉的"戊戌变法"的"戊戌"即是戊戌年，对应公历1898年，"辛亥革命"的"辛亥"即是辛亥年，对应公历1911年。2016年是"丙申"年，那么2017年就应该是"丁酉"年。

一个天干配上一个地支就组合成一对"干支"。组合时，单数配单数，双数配双数，即所谓"丁是丁，卯是卯"，绝不会

73 倪广仁，和康元，杨廷高．时间单位——秒定义的由来和沿革[M]// 国家质检总局计量司．计量史话．北京：中国计量出版社，2010：239-240.

74 中国科学院自然科学史研究所．中国古代重要科技发明创造[M]．北京：中国科学技术出版社，2016：2.

混淆，天干以“甲”字开始，依次与十二地支相配合，地支以“子”字开始，到第十支时，十干已全部配完，那么再从第一干开始与第十一支相配，依次类推下去，共得六十组（见表6），称为“六十甲子”，所以六十年为干支组合纪年的一个完整周期，之后周而复始。六十年这个周期因此也习惯地被人称为“一个甲子”。1984 年中国邮政发行的生肖邮票“鼠”，正好是甲子鼠。由此，人们用“甲子”借指年满六十周岁的人。

表6　干支纪年六十年循环对应表

第 1 年	第 2 年	第 3 年	第 4 年	第 5 年	第 6 年	第 7 年	第 8 年	第 9 年	第 10 年
甲子	乙丑	丙寅	丁卯	戊辰	己巳	庚午	辛未	壬申	癸酉
第 11 年	第 12 年	第 13 年	第 14 年	第 15 年	第 16 年	第 17 年	第 18 年	第 19 年	第 20 年
甲戌	乙亥	丙子	丁丑	戊寅	己卯	庚辰	辛巳	壬午	癸未
第 21 年	第 22 年	第 23 年	第 24 年	第 25 年	第 26 年	第 27 年	第 28 年	第 29 年	第 30 年
甲申	乙酉	丙戌	丁亥	戊子	己丑	庚寅	辛卯	壬辰	癸巳
第 31 年	第 32 年	第 33 年	第 34 年	第 35 年	第 36 年	第 37 年	第 38 年	第 39 年	第 40 年
甲午	乙未	丙申	丁酉	戊戌	己亥	庚子	辛丑	壬寅	癸卯
第 41 年	第 42 年	第 43 年	第 44 年	第 45 年	第 46 年	第 47 年	第 48 年	第 49 年	第 50 年
甲辰	乙巳	丙午	丁未	戊申	己酉	庚戌	辛亥	壬子	癸丑
第 51 年	第 52 年	第 53 年	第 54 年	第 55 年	第 56 年	第 57 年	第 58 年	第 59 年	第 60 年
甲寅	乙卯	丙辰	丁巳	戊午	己未	庚申	辛酉	壬戌	癸亥

有意思的是，每一个地支还对应一个属相，《论衡》中对地支与属相做了论述，即：子，水也，其禽鼠也；丑，牛也；寅，木也，其禽虎也；卯，兔也；辰为龙；巳，火也，其禽蛇也；午，火也，其禽马也；未，羊也；申，猴也；酉，鸡也；戌，土也，其禽犬也；亥，豕也。古人也将十二生肖与年号结合起来用作纪年的方式，如“贞观鼠儿年”即指唐太宗的贞观元年，公元 627 年。

■ 南方人常说的“里弄”从何而来？

谈“里弄”当然要先谈“里”。“里”作为计量单位，人们自然而然会联想到“公里”“英里”等长度单位，其实不然。

在我国古代，“里”最早是居住单位，源于周代的井田制。《汉书 · 食货志》载，“在野曰庐，在邑曰里。五家为邻，五邻为里，四里为族，五族为党，五党为州，五州为乡。”又载“春令民毕出在野，冬则毕入于邑”，表明周朝时庐为田中屋，春夏居之，秋冬则住于邑中，邑中之居为里，邑中相居为邻。再如《周礼 · 地官 · 遂人》曰，“五家为邻，五邻为里”。西周时，二十五家为一里；战国时，五十家为一里；西汉时，扩大到八十家为一里；唐代，则一百家为一里，明以后，为一百一十家为一里[75]。这些例子说明,“里”“乡”之称皆源于西周平民生产生活的实践活动，源于农民秋冬所居邑中，由邑中形成“里”“乡”的地域称谓，故《辞海》注，演变到今天，我们城市中所称“里弄”、乡村中所称“乡里”的“里”都源于此。

另外，“里”还可作为面积单位和长度单位。按照“亩法”和“步里法”（面积）来讲，“里”是“方里”的意思，乃面积

75 陈壁耀．说“里”[J]. 中国计量，2013（7）：64.

单位。《大戴礼记》载，“三百步为里”，周以后六尺为步，一里为1800尺，即180丈；周制方里而井，如《韩诗外传（卷四）》云，“古者八家而井田。方里为一井，广三百步长三百步为一里”，又如《穀梁传·宣公十五年》曰，“古者三百步为里，名曰井田。井田者，九百亩”，故1方里=900亩。唐以后，五尺为步，三百六十步为里，一里仍为1800尺，即180丈。此时1方里合540亩，因为“亩法”对亩的定义是“横一步，直二百四十步，为一亩，每步止于五尺”，也就是说1亩=1步×240步，由此很容易计算1方里=（360步×360步）/（1步×240步）=540亩。清代《数理精蕴》就有1方里为540亩的明确记载。《清会典》记载，“起度，则五尺为步，三百六十步为里；丈地，则五尺为弓，二百四十弓为亩”，也就是说清代已逐步将“里”“步”等专门作为长度单位，而专门以“弓”为亩制之名，自此“里”退出了亩制面积单位。

■“时节”与古代计量有何关系？

唐代大诗人杜甫的《春夜喜雨》中有这样两句脍炙人口的诗句，“好雨知时节，当春乃发生。”诗句中的“时节”指的是什么呢？“时”，《辞海》注，“时，季节”；《说文解字》曰，“时，四时也”，即春、夏、秋、冬四季；《周易》曰，“天地革而四时成”。“节”即节气，太阳黄经每增加15度就是一个节气，一圈360度，正好二十四个节气。《淮南子》载，“日行一度，十五日为一节，以生二十四时之变”。古人把二十四节气分为十二节气和十二中气，在月首的叫节气，如：小寒、立春、惊蛰、清明、立夏、芒种、小暑、立秋、白露、寒露、立冬、大雪；在月中的叫中气，如：雨水、春分、谷雨、小满、夏至、大暑、处暑、秋分、霜降、小雪、冬至、大寒。

要说“时节”与古代计量的关系，显而易见四季和节气都是一种对时间的计量，是古代天文历法与生产实践相结合的科学产物。《后汉书 · 律历志》载，“日周于天，一寒一暑，四时备成……谓之岁。”我国古人最迟在春秋时代就知道“立竿测影”的原理，根据日影的长短，发明圭表，判别冬至、夏至的日子，如《周髀算经》云，“冬至日晷丈三尺五寸，夏至日晷尺六寸。冬至日晷长，夏至日晷短”；同时，古人还选择“悬土炭”的干湿度测量方法辅助测定夏至日和冬至日，如《淮南子 · 天文训》载，“日冬至则水从之，日夏至则火从之，故五月火正而水漏，十一月水正而阴胜。阳气为火，阴气为水，水胜故夏至湿，火胜故冬至燥。燥故炭轻，湿故炭重。”我国发明漏壶，划一日时间长度为一百刻，实行“百刻制”时，就已测得夏至时昼长六十刻，夜长四十刻；冬至时昼长四十刻，夜长六十刻；春分和秋分时昼夜长短相等，各为五十刻。古人确定了二十四节气后，二十四节气反过来也可以辅助人们测定时间，如《晋书 · 鲁胜传 · 正天论》载，“以冬至之后，立晷测影，准度日月星”。古人测定回归年的长度，一般选择日南至（冬至点）进行测定，测出两次正午冬至发生时刻，求出它们的时间间隔，再用这两次冬至之间的年数去除，就可以推算出一个回归年的长度。南北朝时期著名科学家祖冲之利用这一原理改进和完善了传统的圭表测定回归年，由他测算的一个回归年长度为 365.2428148 日，与现在的观测值相差不多。

“时节”还与我国古代度量衡中的衡制密不可分。《汉书·律历志》载，“二十四铢而成两者，二十四气之象也……十六两成斤者，四时乘四方之象也……三十斤成钧者，一月之象也……四钧为石者，四时之象也”；《淮南子》曰，“天有四时，以成一岁，因而四之，四四十六，故十六两而为一斤；三月而为一时，三十日为一月，故三十斤为一钧；四时而为一岁，故四钧为一石。”我国古代计量器具的检定校正一般选在特定的节气开展，如，《吕氏春秋》记载，“仲春、仲秋之月，日夜分，则一度量，平权衡，正钧石，齐斗桶（斛）”，这就是说二十四节气的春分、秋分是季节变化的转折点，此时昼、夜时间平分，白天和黑夜一样长，温度比较适中，不冷不热，不湿不燥，即所谓“昼夜均而寒暑平”，选择这时检定校正度量衡器具，所受到的外界温度影响较小，可以尽量避免外界环境温度变化大而出现的度量衡器的热胀冷缩，以保证检定校正数据的准确性。

■ 春节、清明节的“节”源自什么？

在我国传统习俗中，习惯把正月初一称作“春节”。为什么叫“春节”呢？我们探究一下会发现，之所以叫春“节”，与我国传统历法以节气顺序计时不无关系，当然类似的还有清明“节”等。

我们知道，二十四节气中月首的为“节”，共十二个；月中的为“气”，也是十二个，合起来称为“二十四节气”。“立春”通常在月首，是二十四节气中的“节”，有资料记载，古时所谓的“春节”曾专指二十四节气中的“立春”。“春节”古时也称“元旦”，隋代杜台卿《五烛宝典》记载，“正月为端月，其一日为元日，亦云正朝，亦云元朔”，其中“元”的本意为“头”，后引申为“开始”，因为这一天是一年的头一天、春季的头一天、正月的头一天，所以称为“三元”；又因为这一天还是岁之朝、月之朝、日之朝，所以也称“三朝”；还因为这一天是一年中第一个朔日，也称“元朔”。1914 年 1 月，北洋政府内务部在致大总统袁世凯的呈文中提出，“拟请定阴历（夏历）元旦为春节，端午为夏节，中秋为秋节，冬至为冬节。凡我国民均得休息，在公人员亦准给假一日。”但袁世凯当时只批准了“元旦为春节”。1949 年 9 月，中国人民政治协商会议全体会议通过使用公元纪年法，为区别公历和夏历两个新年，又鉴于二十四节气中的“立春”恰好在夏历新年的前后，表示春天的到来或开始，与岁首之意吻合，因此把夏历正月初一改称为“春节”。1949 年 12 月，新中国颁布《全国年节及纪念日放假办法》，规定春节为法定假日。可见春节的“节”来源于我国历法的二十四节气。

清明节也是与二十四节气中月首的“清明”这个节气相吻合。《淮南子 · 天文训》载，“春分后十五日……则清明风至”，其中“清明风”即清爽明净之风。《岁时百问》中说，“万物生长此时，皆清洁而明净。故谓之清明。”到了清明，气温变暖，降雨增多，正是春耕春种的大好时节，“清明前后，种瓜点豆”的农谚广为流传。东汉《四民月令》记载，“清明节，命蚕妾，治蚕室……”说的是清明节气的时候开始准备养蚕。这些记载都说明，清明节气在时间和天气物候特点上为我们“清明节”习俗的形成提供了可溯源的依据。

■“地方”这个词与度量衡有什么联系？

“地方”这个词语在我们的日常生活中使用得实在是太普遍、太平常了。与中央对应，其他地区我们一般称为“地方”；与军队对应，我们把军人转业、退伍说成“脱了军装到地方”……我们略微探求一下“地方”这个词的来源，会发现它似乎与度量衡有一定关系。

要探究“地方”，有必要先研究“方”。一开始，我国古人对面积、体积的命名并无“平方”“立方”的说法。一般来说，古人对面积、体积的表述随长度命名而定，以长度之名直接命名面积或体积，如对土地面积的命名，以“里”“步”等长度单位来命名。当然，古人也用“方”来表示面积、体积，如古人说“方五尺”可不是“五平方尺”的概念，而是指“五尺的平方”。所以，如果我们现在说“五尺的平方，面积二十五平方尺”，古人则表述为“方五尺，幂二十五尺”；我们现在说“五尺的立方，体积一百二十五立方尺”，古人则表述为“方五尺，积一百二十五尺”。我们日常生活中常说的“方寸之间”的“方寸”其实本意是说一寸的平方，也就是一平方寸，用以指面积非常小。

弄清楚古人对“方”的使用，我们就不难理解现在所称的“地方”一词，它实际源于对土地面积的表述，现在借指某个地方、某个区域、某个部分。以民国为例，民国时期所称“地方”是指“十市尺长，十市尺宽的土地面积，合一百平方市尺”。说到“地方”，与之有联系的还有一个词“土方”，我们现在也用“土方”一词，指一立方米的土；民国时期，“土方”

是指“十市尺长，十市尺宽，一市尺高之土的体积，合一百立方市尺”。

■“队伍”为什么不称为“队肆”或“队陆”？

“我们的队伍向太阳……”这是中国人民解放军军歌的歌词，很多人都会唱。但是为什么队伍叫队“伍”而不叫队“肆”或者叫队“陆”呢？经过研究，其实这与中国古代军队的编制计量单位不无关系。《周礼·地官·小司徒》载，“五人为伍，五伍为两，四两为卒，五卒为旅，五旅为师，五师为军。”这其中“伍”“两”“卒”“旅”“师”“军”等都是当时古代军队的编制结构，当然也是表示军队数量的计量单位，而且我们不难看出“伍”应该是最小的单位了，五个人的编制即成为“伍”。所以我们现在称“队伍”的“伍”应该就源于此。

我国古代的军队特别是在先秦时期，军队编制“伍”是5人；“两”是25人；“卒”是100人；“旅”是500人，有个成语“一成一旅”出自《左传·哀公元年》，“有田一成，有众一旅”，这其中“旅”即为500人；“师”是2500人，《说文·币部》载，“师，两千五百人为师”；“军”是12500人，《周礼·夏官·序官》记，“凡制军，万有二千五百人为军。”不过我国古代不同朝代的军队建制差别很大，特别像“师”“军”等人数并不是一成不变的，有的一个“军”人数为10000人，

如《国语·齐语》载，齐国“万人为一军”，韦昭注，“万人为军，齐制也。”再如有的一个“师”人数为3000人，比如商代的军队“一什十人，十什为行，十行为大行，三大行为师”，这样推算下来一个师的人数就为3000人[76]。

我国古代军队数量的计量单位除了上述单位外，还有其他一些特有的单位。比如对于骑兵的计量，在《六韬(tāo)·犬韬·均兵》中就有记载，“五骑一长，十骑一吏，百骑一率，二百骑一将”，这其中“长”“吏”“率”“将”等就是骑兵部队的计量单位；再比如对于水军的计量，在《越绝书》中也有记载，“大翼（yì）一艘广丈六尺，长十二丈，容战士二十六人，棹五十人，舳（zhú）舻（lú）三人，操长钩矛、斧者四，吏、仆、射、长各一人，凡九十一人”等，还比如以战车为主的部队的计量，在《司马法》中有记载，“革车一乘，士十人，徒二十人”，我国西周时大致五“乘”为一“队”、十“乘”为一“官”、五十“乘”为一“卒”、一百“乘”为一“师”等。

谈到这儿，还有一两个插曲也不得不谈。我们常常会用“三军将士”这个词指代军队，有时还会用“师”指代城市，如“京师”，这是为什么？关于“三军”当然现在通常指“陆”“海”“空”三军。但“三军”的来历，有三种观点，其一，源于我国春秋时期，当时各诸侯国常备军一般分为“左”“中”“右”或“上”“中”“下”三军；其二，“三军”是古时就有的对军队的统称，如《论语·子罕》载，“三军可夺帅也，匹夫不可夺志也”；其三，是指源于古代“步”“车”“骑”三军，如《六韬·犬韬·战车》记，“步贵知变动，车贵知地形，骑贵知别径、奇道，三军同名而异用。”“师”除了用于古时军

---

76 时保吉．“军．师．旅”在先秦古语中的同义与差异[J]．安阳师范学院学报，2011（6）：100-104．

队外还指古代行政区划，如《尚书大传 · 卷四》中记载，“八家而为邻，三邻而为朋，三朋而为里，五里而为邑，十邑而为都，十都而为师”，这里“师”即指大城市，是“都邑”的通称，所以会有“京师”“洛师”等指代某个城市的说法。

■ 中医脉象与古代“规”“矩”“衡”“权”有关系吗?

生活好了，人们更重视养生。养生越来越成为人们茶余饭后谈论的重要话题之一。谈到养生，自然有很多媒体、很多人都会谈及我国古代著名的《黄帝内经》，它是我国最早且影响力颇大的一部重要的医学典籍，它主要分为《灵枢》和《素问》两个部分。现在我们中医学上所讲的“阴阳五行学说”“脉象学说”“藏象学说”“经络学说”“病因学说”“病机学说”“病症”“诊法”“论治”及“养生学”“运气学”等大体都来源于此。其中，中医“脉象”与度量衡上的“规”“矩”“衡”“权”有什么关系呢?

首先简要介绍度量衡上的“规”“矩”“衡”“权”。“规”是指圆形也是指用以校正圆形的测量工具，“矩”是指方形也是指用于校正方形的测量工具，正如《楚辞 · 离骚》中载，“圆曰规，方曰矩”；《考工记》中载，“圆者中规，方者中矩”。“权衡”是

指我国古代称量物体轻重的计量器具，《庄子 · 胠箧》载，“为之权衡以称之”。“权”即秤锤或砝码也表示称重的动作，如《孟子 · 梁惠王上》曰，“权，然后知轻重”。“衡”即秤杆也表示称重的动作，如《礼记 · 经解》述，“犹衡之于轻重也”；《孟子 · 梁惠王上》曰，“衡，加重于其一旁，必捶”。

了解了度量衡上的“规”“矩”“衡”“权”之后，我们进一步探究《黄帝内经 · 素问 · 脉要精微论》中所载的四时脉象，“春（脉）应中规，夏（脉）应中矩，秋（脉）应中衡，冬（脉）应中权”这个说法。这个说法其实是中医学上重要的哲学思维方式——“取象比类法”，也就是让复杂的中医问题通过类比，使它更加直观和浅显易懂[77]。

“春应中规”，其中：春指春脉，人在春季的脉象；规，前文已述指圆和测圆工具。“春应中规”可从两个方面理解。其一，规乃圆，圆本身易动且有“趋动”性，这与《黄帝内经素问集注》中描述春脉“弱轻虚而滑，如规之圆转而动也”完全吻合，故春脉中“规”，取规乃圆之意。其二，古时“规”是由两个带尖的木条和绳子组成，画圆时，绳子自然绷直，绷直的绳子乃

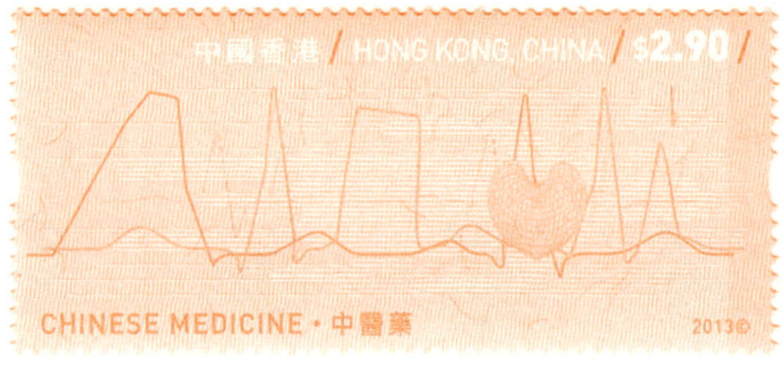

77 周发祥，王之光．规矩衡权应四时脉象之我见[J]. 辽宁中医杂志，2014，41（10）：2033-2034.

"弦"，这与战国时扁鹊《黄帝八十一难经》所载，"春脉弦"以及《黄帝内经·素问·玉机真藏论》所载，"春脉者肝也……软弱清虚而滑，端直以长，故曰弦"的说法相吻合，故春脉中"规"，也取规乃测圆工具之意。

"夏应中矩"，其中：夏指夏脉，人在夏季的脉象；矩，前文已述指方形和定方工具。"夏应中矩"也可从两个方面理解。其一，矩乃方，我国古人通常认为"圆出于方"，方比圆大，圆向外扩张才形成方，这与张景岳所言夏脉"夏气茂盛，盛极而止，故应中矩，而人脉应之，所以洪大方正也"完全吻合，故夏脉中"矩"，取矩乃方形之意。其二，古时定方的工具"矩"是由两条木棍呈直角组合的，其"角"正应了战国时扁鹊《黄帝八十一难经》所载，"夏脉钩"以及《素问·玉机真脏论》所载，"夏脉者心也……万物之所以盛长也，故其气来盛去衰，故曰钩"的说法，故夏脉中"矩"，也取矩乃定方工具之意。

"秋应中衡"，其中：秋指秋脉，人在秋季的脉象；衡，前文已述指称重器具，秤杆。秤杆的特点就是在称量物体时上下有所浮动，《重广补注黄帝内经素问》则是借衡杆的特点来阐述人在秋季时脉象的相对不稳定，即"秋脉浮毛，轻涩而散，如秤衡之象，高下必平，故以秋应中衡"。

"冬应中权"，其中：冬指冬脉，人在冬季的脉象；权，前文已述乃秤锤或砝码。权的特点不言而喻——"沉"。冬天时，人阳气闭藏而阴气实，脉象迟缓难循、沉结，所以《黄帝内经·素问·脉要精微论》中曰冬脉，"冬日在骨，蛰虫周密，君子居室"，这正是"权"的特点，故"冬应中权"。

■ 世界上第一个科学实测"子午线"的人是谁？

1791 年，法国曾规定在通过巴黎的子午线上从赤道到北极

点的距离的一千万分之一为“1 米”，从赤道到北极点的一千万分之一也就是地球子午线的四千万分之一。那么世界上第一个运用科学方法测量地球子午线的人是谁呢？他就是我国唐代的高僧一行（公元 673 年—公元 727 年），原名张遂。一行是唐代杰出的天文学家，《旧唐书》中曾这样评价他，“一行少聪敏，博览经书，尤精历象”。

我国古代曾有“日影千里差一寸”的说法，意思是说不同的两地在夏至日的时候日影长度如果相差一寸的话，那么这两个地方的距离相隔约一千里。隋朝天文学家刘焯（zhuō）对“日影千里差一寸”的说法提出质疑并试图用实测数据来否定，为此他曾提出“请一水工，并解算术士，取河南北平地之所，可量数百里，南北使正。审时以漏，平地以绳，随气至分，同日度影。得其差率，里即可知。则天地无所匿其形，辰象无所逃其数，超前显圣，效象除疑”，但是很遗憾，刘焯本人未能实现这一计划。唐玄宗十二年（公元 724 年），一行主持开展了一次大规模的天文大地测量工作，证明了当年刘焯的质疑。

一行主持的子午线测量，其测量范围之广在世界科学史上是空前的，测量范围北至北纬 51 度（今蒙古国乌兰巴托西北），南到北纬 18 度（今越南中部），南北方位都已经超出了今天我国的疆域。当时实际测量的做法是，由测量人员分赴各地“测候日影，回日奏闻”，主要实测了今河南省上蔡县等四个地点的北极高度、日影长短以及地面距离；同时一行本人使用其自己设计的“覆矩图”仪器，利用勾股图进行计算，最终得出“地面相距351.27唐里，北极高度相差一度”的结论，这351.27唐里即为当时实测的地球子午线“一度”的距离。

不过这其中还有一个重要问题，就是当时唐代的“351.27唐里”是现在的多少公里呢？唐代尺度有“大尺”和“小尺”之分，《唐六典》曰，“凡度，以北方秬黍中者，一黍之广为分，十分为寸，十寸为尺，一尺二寸为大尺”；并且唐代及以后以“五尺为步”，以“三百六十步为里”。这样推算下来，“351.27唐里”大致合现在131.11公里，与现今实测子午线一度长度110.6公里比较，尽管差距较大，但它毕竟是距今1300多年前世界上首次科学测量子午线弧长所得的结果，实属壮举[78]。九十多年后的公元814年，阿拉伯数学家阿尔·花拉子米才在幼发拉底河平原地区进行了一次大地测量，实测子午线长度为111.815公里[79]。

■ 圆周率为什么称“祖率”？在度量衡上有何应用？

我们每个人学习平面几何时必然会学到“圆周率”，当然在中国的教材中经常会提醒大家圆周率也叫“祖率”，这是因为它与我国南北朝时期的伟大科学家祖冲之有着密切关系。祖冲之

78 关增建．中国古代计量的社会功能[M]//国家质检总局计量司．计量史话．北京：中国计量出版社，2010：44.

79 本处参考中国计量科学研究院的内部读物《计量科普读物》中沈乃澂的《测量地球子午线第一人——一行》(2014年4月第171页—172页)。

生活在公元429年—公元500年间，从小就“专攻数术，搜练古今”，在数学方面、古代计量方面均有极高的造诣。

祖冲之在数学上最重大的贡献之一就是对圆周率的贡献。《隋书·律历志上》记载，“古之九数，圆周率三，圆径率一，其术疏舛（chuǎn）。自刘歆、张衡、刘徽、王蕃、皮延宗之徒，各设新率，未臻折中。宋末，南徐州从事史祖冲之，更开密法，以圆径一亿为一丈，圆周盈数三丈一尺四寸一分五厘九毫二秒七忽，朒（nǜ）数三丈一尺四寸一分五厘九毫二秒六忽，正数在盈朒二限之间。密率，圆径一百一十三，圆周三百五十五。约率，圆径七，周二十二……”，祖冲之采用“割圆术”在世界上首次将圆周率推算到小数点后七位，并得出圆周率准确值介于3.1415926和3.1415927之间[80]。这个达到小数点后7位的圆周率值足足领先西方国家1000多年[81]。为纪念祖冲之在数学领域的卓越贡献，法国巴黎“发现宫”科学博物馆还镌刻着祖冲之的名字和他计算出的 π 值；莫斯科大学礼堂也镶嵌着祖冲之的肖像；月球上还有用祖冲之名字命名的“祖冲之山”；我国紫金山天文台发现的第1888号小行星也被国际小行星科学组织命名

80 关增建．中国古代计量史上的祖冲之[M]// 国家质检总局计量司．计量史话．北京：中国计量出版社，2010：374.

81 国家质检总局．中国计量文化[M]．北京：中国质检出版社，2013：29.

为“祖冲之星”。由此看来，“圆周率”被别称为“祖率”一点儿都不过分。

祖冲之在古代计量领域的重要贡献之一就是以圆周率考校“新莽嘉量”(《隋书·律历志》所称的“王莽时刘歆铜斛”，是王莽时期由刘歆主持制作的集“龠、合、升、斗、斛”等五量于一体的铜质标准器，现藏于台北，堪称我国古代度量衡器具的旷世珍品)。《隋书·律历志》对祖冲之考校新莽嘉量做了非常详细的记述，“其斛名曰：‘律嘉量斛方尺而圆其外，庣旁九厘五毫，幂百六十二寸，深尺，积千六百二十寸，容十斗。’祖冲之以圆率考之，此斛当径一尺四寸三分六厘一毫九秒二忽，庣旁一分九毫有奇。刘歆庣旁少一厘四毫有奇，歆数术不精之所致也。”祖冲之是我国历史上第一个明确指出“刘歆铜斛”庣旁误差的人[82]。

■ 我国第一枚计量专题邮票中有哪些古代计量元素？

我国政府在2015年5月20日第16个世界计量日之际——1875年5月20日，17个国家在法国巴黎“米制”外交会议上签署《米制公约》，为此1999年10月第21届国际计量大会确定每年5月20日为世界计量日——发行了新中国成立以来第一

82 关增建．中国古代计量史上的祖冲之[M]//国家质检总局计量司．计量史话．北京：中国计量出版社，2010：375.

枚计量专题纪念邮票《世界计量日》，这枚邮票也是我国首次为纪念世界计量日发行的专题邮票。据有关宣传口径介绍，《世界计量日》邮票遵循着“从历史到现代”“从中国到世界”“从民用到高科技”等三条主线，展现了人类计量科技的蓬勃发展和计量历史的悠久灿烂。我们从《世界计量日》邮票中至少可以发现三处体现中国古代计量元素的设计。

一是，该邮票从左往右竖向引用了三句体现计量文化的经典用语“度万物”“量天地”“衡公平”。这三句话高度浓缩和概括了我国古代计量的重要作用及所彰显的文化理念，其中“度”“量”“衡”是中国古代计量的主体，“身为度，称以出”“器械一量，同书文字”“秤以格，斗以概”“制礼作乐，颁度量，而天下大服”……历朝历代的经典记述从不同角度体现了这一点。目前我们所能见到载有“度万物”“量天地”“衡公平”三句话的中国官方最高级别的文件是 2013 年 3 月 2 日中华人民共和国国务院发布的《计量发展规划（2013—2020 年）》，该规划强调，“加强计量文化建设，构建‘度万物、量天地、衡公平’的计量文化体系。加强计量基础知识普及教育和宣传，形成公平交易、诚信计量的良好社会氛围。”

二是，邮票右下角设计有“秦诏版”。公元前221年，秦始皇统一中国之后立即推行了“一法度衡石丈尺，车同轨，书同文”等统一度量衡的措施，他颁布了统一度量衡诏令，“廿(niàn)六年，皇帝尽并兼天下诸侯，黔首大安，立号为皇帝。乃诏丞相状、绾（wǎn)，法度量则，不一歉（嫌）疑者，皆明一之”，此即“秦诏版”的主要内容，大致意思是：秦始皇于二十六年，统一了诸侯各国，百姓安居乐业，立皇帝称号，于是令丞相隗(kuí）状和王绾，制定度量衡法令规则，把不准确、不一致的度量衡统一起来。现存出土的秦权、秦量等均铸刻有秦始皇的诏书，有的还加刻了秦二世的诏书。在陕、甘、晋、鲁、苏、豫、冀、辽、吉、蒙等地出土的秦权、秦量，说明秦始皇统一度量衡的法令在当时已经推行到了相当大的疆域。

三是，邮票右上角设计有抽象的“日晷”图案。《说文解字》载，“晷，日景也”，古人测量日影移动来计量时间的装置即称为“日晷”，如《晋书·鲁胜传·正天论》载，“以冬至之后，立晷测影，准度日月星”。日晷至迟不晚于战国即已出现[83]。日晷遵循“立竿测影”的原理，即利用太阳光的投影方向来测定并划分时刻。日晷通常由晷针和晷面组成，晷针垂直穿过晷面圆心，晷面有刻度标识着相应的时辰。日晷种类很多，大致有“地平式”“赤道式”“子午式”“卯酉式”等。《世界计量日》邮票中的日晷是抽象的赤道日晷，我国最早关于赤道日晷的明确记载见于南宋曾敏行的《独醒杂志（卷二)》中提到的晷影图。现在北京故宫博物院的太和殿和乾清宫前均陈设有赤道日晷，它作为我国古代的计时装置，象征着皇帝“授时予民”的权力和对时空的驾驭。

83 关增建．计量史话[M]．北京：社会科学文献出版社，2012：66.

■ 中国近代屈辱的“海关度量衡”是怎么回事？

清道光以后，清政府与外国的通商日益增多，为此清政府设立了通商海关。道光二十七年（公元 1847 年）签订的《贸易章程》中规定，各口岸领事馆所用度量，均以粤海关定式为标准，由“中国海关发给丈尺秤码各一副，以备丈量长短、权衡轻重之用”，广州、厦门、福州、宁波、上海等通商口岸都依清政府规定，一律遵照粤海关所颁之式盖戳镌字，以保证量值的统一[84]。此时，中国的海关大权一定程度上尚在清政府的把控之中。

但是，清政府越来越显现得腐败无能，助长了西方列强的野心，他们绝不仅仅满足于与中国的进出口贸易，而是想进一步控制中国的海关！咸丰八年（公元 1858 年），《天津条约》签订之后，英、法、德、日等国相继在与清政府签订的通商章程中规定以各国的度量衡制为准，中国海关大权旁落，用于贸易结算的度量衡自然也被外国列强所把控。吴承洛先生在《中国度量衡史》中对清末的海关度量衡是这样阐述的，“自咸丰八年中英，中美，中法，天津条约订立以后，各约所附通商章程，规定邀请外人帮办税务，而海关行政权即已旁落，清廷于是年聘用英人为总税务司，组织海关衙门……而吾海关行政权可谓完全操于外人之手，一切自成其制，早已不在中国行政系统之内，所用度量衡币，亦间在中国法律规定之外……藉口我国度量衡庞杂纷乱，漫无一定，故常有专款规定互相折合之办法。自咸丰八年为始。所谓海关权度制即已发生，名曰‘关平’‘关尺’”。

其实，吴承洛先生所称“折合之办法”大致有五类，一为“英制为标准”，二为“法制为标准”，三为“德制为标准”，四

84　丘光明．中国古代度量衡[M]. 北京：中国国际广播出版社，2011：192.

为“粤海关定式”，五为“奏定划一标准”。这五类折合办法中比较重要的是英制和法制，因为当时中国海关总税务司主要由英国人把持，所以海关度量衡单位量值的折算还是多以英制为主的。比如，英制的折合办法是：“中国一擔即系一百斤者，以英国一百三十三磅零三分之一为准”，即中国 100 斤 = 英制 133 又 1/3 磅，折合一海关平斤 =605.3 克；“中国一丈即十尺者，以英国一百四十一因制（英寸）为准”，即中国 1 丈 =141 英寸，折合一海关尺 =35.8 厘米。法制的折合办法是：中国 100 斤 = 法制 66 公斤零 453 克，折合一海关平斤 =604.5 克；中国 1 丈 =3.55 米，折合一海关尺为 35.8 厘米……

“海关度量衡”的出现和扩展，造成了清末我国度量衡制度、器具、量值的极度混乱，其实这也正是度量衡的半殖民地性质，它从一个侧面表明中国已经进一步滑向半殖民地半封建的深渊，清政府的腐败无能无疑是这一恶果的主要原因之一。

■ 我国少数民族有自己特有的度量衡吗？

我国的少数民族数量众多，历史上很多民族都有自己特有的度量衡单位和标准，在国家统一计量的政策推动下，那些民族特有的度量衡单位和标准虽已不能作为正式的计量单位和标准来使用，但是它们作为一个民族特有的历史、文化符号，今天看来依然有传承和研究的价值。我们略举几个例子进行说明[85]。

基诺族。分布在西双版纳地区的基诺族曾经在生产生活实践中逐步产生了七个以人体为标准的长度计量单位。他们规定“一拳之高或四指之高称为‘第岁’”，此量值和测量方法实际上

85　国家质检总局．中国计量文化[M]．北京：中国质检出版社，2013：86-87.

可以溯源到我国古代“并四指宽度为一扶”的测量方法——《礼记·投壶》中有关于“铺手为扶”的记载——基诺族所谓一拳之高是将四指握成拳，以拳高称之为“第岁”，松开拳头铺开四指还是以四指并排的长度为标准，可见古人铺四指为一扶的计量方法在基诺族中演化成拳高，称为“第岁”。另据《韩非子·扬权》记载，“故上失扶寸，下得寻常”，可知四寸为扶，八尺为寻，倍寻为常，这说明我国古人在战国时期即使用“扶”这个计量单位和侧手为扶的测量方法。基诺族还规定“食指第一指节之长称为‘第寸’”“食指至拇指的距离称为‘第召’或‘小拃’”“中指到拇指的距离称为‘第毛’或‘大拃’”“中指指尖至肘关节之长称为‘第抽’是一肘之长”“两臂平伸的距离称为‘第累’是1庹（tuǒ）之长”“半庹之长称为‘第额’”，而且这其中还确定了换算关系，比如1庹=5肘，1肘=5大拃等。

傣族。生活在中缅边境德宏地区的傣族，他们在频繁的边境贸易中发明了一种与人一肘长度相当的尺子，称为“1肘”，也称为“涮能”，其长度大约合市尺的一尺五寸，尺子上标记有10等分刻度；他们还以一个人叫喊可以被听见的距离确定一个约定俗成的长度单位，称为“着慌”。生活在西双版纳地区的傣族还以人肉眼可见的距离作为一个长度单位，称为“约”，并规定1约=4000庹。孟连的傣族表示距离的方法也很有意思，判断距离的计量标准主要是：“分得清是水牛还是黄牛”“看不清是水牛还是黄牛”“黄牛帮走一站”“马帮走一站”等。孟连的傣族还有一整套重量计量的标准和单位：“拽”“亢”“荒”“札”“海”“母”“贝”，他们还确定了这些单位之间的换算关系：3拽=10斤，1拽=10亢，1亢=4荒，1荒=2札，1札=2海，1海=2母，1母=2贝。生活在瑞丽的傣族曾规定了七个容量单位“挑”“箩”“海”“别”“哈”“利”“节烈”等，并且规定了它们之间的换算关系：1挑=2箩，1箩=

2 海，1 海 =4 别，1 别 =2 哈，1 哈 =4 利，1 利 =2 节烈。

另外还有，独龙族表示距离的词称为“第兰”，是指背着重物行路休息一次时已走的距离；独龙族还把一手所盛之量称为“1 把”，把双手所捧之量称为“1 捧”。生活在贵州黔东南地区的侗族以人体为标准确定长度单位，他们将一拳的高度称为“1 副”，一个拳头加上一个大拇指的高度称为“1 降”。生活在青海玉树地区的藏族以“箱”作为计量单位用于米面之类的交易，以“筒”作为计量单位用于青稞、糌（zān）粑（bā）之类的交易……

◎“过五关斩六将”

来吧！检验一下您的阅读效果。

【单项选择题】

1. 吴承洛先生所言，“中国历代所取以为度量衡之标准者，大别之有二类。其一，取自然物以为标准者……”下列选项中不属于“取自然物以为标准者”的表述是（　　）。

A 十发为程

B 一粟为分

C 布指知寸

D 璧羡度尺

2. 下列选项中有三项表达的是“以人体为则”的度量衡标准，有一项不是，它是（　　）。

A《小尔雅》曰，“一手之盛谓之溢，两手谓之掬”

B《孔子家语》记，“布指知寸，布手知尺，舒肘知寻”

C 英国以亨利一世的鼻至食指之间的距离定为一“码”

D《周礼 · 地官 · 小司徒》载，“五人为伍，五伍为两”

3. “璧羡度尺”曾经作为度量衡的（　　）。

A 尺度标准

B 容量标准

C 权衡标准

D 仅为装饰品

4. 史料记载，在我国明清时期（　　）的尺度最接近 32 厘米。

A 营造尺

B 量天尺

C 衣工尺

D 量地尺

5. 一般来说，下列选项中（　　）也被俗称为鲁班尺。

A 律尺

B 裁衣尺

C 量地尺

D 木工尺

6. 下列选项的表述中，不正确的是（　　）。

A 我国古代历朝历代的尺度不尽相同

B 汉承袭秦朝度量衡制度，尺度标准基本一致

C 唐朝分“大”“小”尺，其中大尺主要用于“调钟律测晷影，合汤药及冠冕之制”

D 清代裁衣尺尺度“营造尺一尺，裁衣九寸”约合 35.56 厘米

7. 下列表述中与“布手知尺”所表达的原理方式不一致的选项是（　　）。

A 布指知寸

B 舒肘知寻

C 迈步定亩

D 结绳记事

8.《说文解字》中记载，“中等妇人之手 8 寸为（　　）”。

A 尺

B 咫

C 分

D 仞

9. 唐代尺度一般分为“大尺”和“小尺”，下列选项中对“大尺”表述正确的是（　　）。

A 唐大尺是唐小尺的一尺二寸

B 唐大尺主要用于调钟律测晷影

C 唐大尺主要用于合汤药及冠冕之制

D 以上选项都不正确

10. 下列关于“步”的表述，不正确的选项是（　　）。

A “步”用为长度单位，历代不一

B 周代以八尺为步，秦代以六尺为步

C 唐以后以“六尺为步”

D 宋代以“五尺为步”

11. “一片孤城万仞山”诗句中“仞”是我国古代的长度单位，通常认为它与尺的换算关系大致应该是（　　）。

A 1 仞 =1 尺

B 1 仞 =2 尺

C 1 仞 =5 尺

D 1 仞 =8 尺

12. 下列选项中与“一片孤城万仞山”中“仞”表达的意思不一致的是（　　）。

A《左传》，“计丈数，揣高卑，度厚薄，仞沟洫”

B《论语 · 子张》，“夫子之墙数仞”

C《考工记 · 匠人》，“深八尺谓之洫，深二仞谓之浍”

D《尚书 · 旅獒》，“为山九仞，功亏一篑”

13.《左传 · 僖公二十三年》记述，“若以君之灵，得反晋国，晋楚治兵，遇于中原，其辟君三舍”，其中“三舍”是指（　　）。

A 30 里

B 90 里

C 三间房子

D 270 里

14.《国语 · 周语下》，“夫目之能察也，不过步武尺寸之间；其察色也，不过丈墨寻常之间”，其中“寻常”的本意是指（　　）。

A 时间单位

B 长度单位

C 容量单位

D 衡制单位

15. 在我国古代“撮”作为计量单位时，通常被用作（　　）计量单位。

A 长度

B 容量

C 重量

D 时间

16.“度长短者不失豪氂，量多少者不失圭撮”语出（　　）。

A《汉书》

B《隋书》

C《孙子算经》

D《史记》

17. 民国时期《度量衡法》第四条规定“1 公撮 =（　　）公升”。

A 0.1

B 0.01

C 0.001

D 无换算关系

18.《枫桥夜泊》诗中“夜半钟声到客船”的“夜半”大致对应现在的几点？（　　）

A 17 点—19 点

B 19 点—21 点

C 21 点—23 点

D 23 点—凌晨 1 点

19.《孔雀东南飞》诗中“奄奄黄昏后，寂寂人定初”的“黄昏”和“人定”分别大致对应古时的几更？（　　）

A 一更和二更

B 二更和三更

C 三更和四更

D 四更和五更

20. 我国古代一般规定皇帝于每天卯时早朝，文武百官必须在卯时上朝，俗称“点卯”，“卯时”大致对应现在的（　　）。

A 5 点—7 点

B 7 点—9 点

C 9 点—11 点

D 11 点—13 点

21. 我国古时一般把（　　）文钱穿起来称为“一贯”。

A 100

B 500

C 1000

D 2000

22.“石”在我国度量衡历史上曾经作为（　　）。

A 长度和容量单位

B 长度和重量单位

C 容量和重量单位

D 重量和面积单位

23. 我国宋代以后，“石”作为容量单位与“斛”和“升”的换算关系正确的选项是（　　）。

A 1 石 =1 斛 =100 升

B 1 石 =2 斛 =200 升

C 1 石 =2 斛 =100 升

D 1 石 =2 斛 =50 升

24. 下列选项对“石”的表述中，只有一个选项中“石”作为重量单位，它是（　　）。

A《汉书 · 律历志》载，“一龠容千二百黍，四钧为石……五权之制”

B《乐府射鸟辞》曰，“陛下寿万年，臣为两千石”

C《汉书》载，“泾水一石，其泥数斗”

D《通雅 · 算数》讲，“一石为石，再石为儋，言人儋之也”

25. 我国古代衡制通常为（　　）。

A 1 斤 =8 两

B 1 斤 =10 两

C 1 斤 =12 两

D 1 斤 =16 两

26. 成语“半斤八两”中，半斤和八两的关系是（　　）。

A 半斤等于八两

B 半斤小于八两

C 半斤大于八两

D 二者无关系

27. 下列选项中表述正确的是（　　）。

A《宋会要》记载李照水秤“以一合之水重一两，一升之水重一升，一斗之水重一秤”，说明李照水秤 1 斤 =16 两

B 我国封建社会一直沿用一斤等于十六两的衡制，且“两”的量值始终保持一致

C《汉书 · 律历志》载，“权者，铢、两、斤、钧、石也”，可知斤、两等是我国古代衡制的基本单位

D 我国古代通常十六两为斤，五十斤为钧

28. “钱”这个约定俗成的重量单位，大致出现在我国的（　　）。

A 秦朝

B 汉朝

C 唐朝

D 宋朝

29.“铢”是我国古代的重量单位，下列选项中只有一个选项中的“铢”与重量无关，它是（　　）。

A《淮南子 · 齐俗训》，“其兵戈铢而无刃”

B《幼学琼林》，“贪婪无厌，虽锱（zī）铢必较”

C《说文 · 禾部》，“十二粟为一分，十二分为一铢”

D《广韵》，“八铢为锱”

30. 按照我国古代“十六两一斤”的衡制，1 斤等于（　　）。

A 24 钱

B 50 钱

C 100 钱

D 160 钱

31.《汉书 · 律历志》中记载，“一龠容千二百黍，重十二铢，两之为两”，即 1 两 =（　　）铢。

A 200

B 12

C 24

D 36

32. 在佛教用语中“一刹那”大致有可能相当于（　　）秒。

A 0.018

B 0.36

C 7.2

D 144

33. 在佛教用语中,“一瞬间”大致有可能相当于（　　）秒。

A 0.018

B 0.36

C 7.2

D 144

34. 现陈列于南京紫金山天文台的铜圭表，其“圭”的尺度采用的是（　　）。

A 唐大尺尺度

B 唐小尺尺度

C 营造尺尺度

D 裁衣尺尺度

35.《周髀算经》中说，“夏至之晷，一尺六寸”，其中对“晷”的正确解释是（　　）。

A 圭表装置

B 日晷装置

C 太阳的影子

D 月亮的影子

36. 我国古代开始逐步实行“周日十二时，时八刻，刻十五分，分六十秒”的时间计量体系大致是在（　　）。

A 清康熙九年

B 清雍正九年

C 清乾隆九年

D 清光绪九年

37. 我国古代时间计量体系中“百刻制”的 1 刻约合现在（　　）。

A 12 分

B 15 分

C 14.4 分

D 14.24 分

38. 我国古代“百刻制”时间计量体系，至迟大约出现在（　　）代。

A 商

B 秦

C 汉

D 唐

39. 我国古人实行的“十二时辰制”计时法中“子时”通常相当于现在的（　　）。

A 21 点—23 点

B 23 点—1 点

C 1 点—3 点

D 3 点—5 点

40. 康熙九年（公元 1670 年）后，我国计时制改“一日百刻制”为“一日九十六刻制”，此时“一刻”相当于现在的（　　）。

A 12 分

B 14.4 分

C 14 分 24 秒

D 15 分

41. 成语“墨丈寻常”中“墨”“丈”“寻”“常”是我国古代四个不同的长度单位，之间存在着一定的换算关系。下列选项中，换算关系正确的是（　　）。

A 1 墨 =5 尺、1 丈 =2 墨、1 常 =2 寻 =16 尺

B 1 墨 =10 尺、1 丈 =2 墨、1 常 =2 寻 =8 尺

C 1 墨 =5 尺、1 丈 =2 墨、1 常 =2 寻 =8 尺

D 1 墨 =10 尺、1 丈 =1 墨、1 常 =2 寻 =16 尺

42. “毫”“厘”“丝”“忽”都是我国古代的计量单位，其中对“丝”的表述不正确的选项是（　　）。

A 长度单位

B 重量单位

C 容量单位

D 面积单位

43. 我国古代“黄钟律的宫音”大致相当于现在乐谱的（　　）。

A A调哆

B B调哆

C C调哆

D D调哆

44.《汉书·律历志》中的度量衡理论，很多源自（　　）典领条奏的《审度》《嘉量》《衡权》。

A 刘徽

B 刘歆

C 商鞅

D 班固

45.《汉书·律历志》中所称的“五量”是指（　　）。

A 分、寸、尺、丈、引

B 龠、合、升、斗、斛

C 铢、两、斤、钧、石

D 衡、量、度、亩、数

46. 世界上现存最早的卡尺是（　　）发明的。

A 中国

B 日本

C 英国

D 德国

47. 下列选项中表述不正确的是（　　）。

A 新莽卡尺的著录最早见于清末吴大澂《权衡度量实验考》

B 新莽卡尺制作于新莽始建国元年（公元 9 年）

C 新莽卡尺结构由“固定尺”和“滑动尺”两部分组成

D 新莽卡尺与现代的游标卡尺类似，利用游标进行读数

48.“称以格，斗以概”中的“概”与下列选项中（ ）所表达的意思不一样。

A《韩非子 · 外储说左下》，“概者，平量者也”

B《汉书 · 季布传》，“感概而自杀”

C《礼记 · 月令》，“钧衡石，角斗斛，正权概”

D《唐令拾遗》，“用斛者，皆以概”

49. 下列选项中（ ）揭示了计量学上“替代衡量法”的基本原理。

A 曹冲称象

B 草船借箭

C 车载斗量

D 迈步定亩

50. 替代衡量法作为一种精密衡量方法被正式提出大约是在（ ）。

A 11 世纪中叶

B 15 世纪中叶

C 16 世纪中叶

D 18 世纪中叶

51. 用于称量贵金属和贵重中药材的“戥秤”，发明于（ ）。

A 唐代

B 宋代

C 元代

D 明代

52. 史料记载，我国古代最早发明“戥秤”的人是（　　）。

A 刘歆

B 祖冲之

C 刘承珪

D 李照

53. 下列选项中，对“权”表述不正确的是（　　）。

A“权”曾作为权衡器的名称

B“权”有的有标称值，有的没有

C 杆秤中的“权”是秤砣，天平中的“权”是指砝码

D“权”就是我们俗称的秤砣

54. 我国古代的漏刻主要分为（　　）两大类型。

A 沉箭漏和浮箭漏

B 吕才漏和李兰漏

C 二级补偿型浮箭漏和沉箭漏

D 田漏和秤漏

55. 史料记载，漏刻直到（　　）仍作为官方计时仪器在使用。

A 清光绪二十三年

B 清光绪三十三年

C 清宣统元年

D 清宣统二年

56. 我国北宋时期发明的“水运仪象台”被称为“世界上最古老的天文钟”，它的主要发明者是（　　）。

A 沈括

B 郭守敬

C 张衡

D 苏颂

57. 下列选项中对“规矩”的含义理解不正确的是（　　）。

A 规是测圆的工具

B 矩是定方的工具

C 规矩被引申为指行为标准和准则

D 规矩是测量水平度的工具

58. 下列选项中（　　）不是古代测量用的工具。

A 规

B 矩

C 绳

D 斠

59. 北京故宫太和殿门前陈列的古代计量装置是（　　）。

A 铜斗和圭表

B 铜升和日晷

C 嘉量和日晷

D 嘉量和圭表

60.《隋书·律历志》所称“王莽时刘歆铜斛”是指（　　）。

A 栗氏量

B 商鞅方升

C 新莽嘉量

D 户部铁方升

61. 下列选项中有一个选项不是我国古代测量时间的装置，它是（　　）。

A 玉盘日晷

B 千章铜漏

C 铜壶滴漏

D 大司农铜斛

62. 我们现在汽车的里程表其原理与下列哪个古代计量仪器有渊源（　　）。

A 指南车

B 记里鼓车

C 相风鸟

D 鎏金铜嘉量

63. 陀螺仪中“万向支架”的原理与下列（　　）的原理类似。

A 记里鼓车

B 新莽嘉量

C 指南车

D 被中香炉

64. 北京故宫博物院太和殿门前的日晷，从造型上看大致应属于（　　）。

A 地平日晷

B 赤道日晷

C 子午日晷

D 卯酉日晷

65.《史记·秦本纪》记载，“孝公十年，卫鞅为大良造”。其中“大良”是指（　　）。

A 地名

B 人名

C 官名

D 作坊名

66. 我国现存最早的由政府颁发的“以度审容”标准量器为（　　）。

A 栗氏量

B 商鞅铜方升

C 新莽嘉量

D 禾石铜权

67.《汉书 · 律历志》记载，“凡律度量衡用者……为物之至精，不为燥湿寒暑变其节，不为风雨暴露改其形”。引号中表述的内容主要揭示了（　　）的特性。

A 金

B 铜

C 陶

D 璧

68.《乙巳占 · 占风远近》记载，“树叶微动，风速约十里；树叶沙沙作响，风速则日行百里；树枝摇，二百里；堕叶，三百里；折小枝，四百里……”这主要是对（　　）的表述。

A 风向

B 风速

C 树木

D 树叶

69. 以下选项所列的工具中，主要用来测量风向的工具是（　　）。

A 规

B 矩

C 概

D 伣

70. 中国古代用来测量风向的“相风鸟”，至晚在（　　）就已经开始使用了。

A 汉代

B 唐代

C 宋代

D 元代

71. 我国古代“悬土炭”式干湿度测定装置要早于西方国家的类似发明大约（　　）多年。

A 500

B 1000

C 1500

D 2000

72. 东亚地区最先制造和应用近代湿度计的国家是（　　）。

A 中国

B 日本

C 朝鲜

D 越南

73. 最早将欧洲温度计介绍到中国的南怀仁来自于（　　）。

A 英国

B 法国

C 德国

D 比利时

74.《考工记》记载，“凡铸金之状，金与锡，黑浊之气竭，黄白次之，黄白之气竭，青白次之，青白之气竭，青气次之，然后可铸也”，它说明出现（　　）色气时达到最高温度。

A 黑

B 黄白

C 青白

D 青

75.《后汉书 · 礼仪志》记载，“日冬至……，权水轻重，水一升冬重十三两”，这句话说明了（　　）。

A 比重与浮力的关系

B 比重与温度的关系

C 比重与体积的关系

D 水在冬天比夏天重

76.《物类·相感志》中说："盐卤好煮，以石莲投之则浮"，这句话说明了（　　）。

A 比重与浮力的关系

B 比重与温度的关系

C 比重与体积的关系

D 只说了一个现象，无通用性

77.《淮南子·泰族训》中记载，"寸而度之，至丈必差；铢而称之，至石必过。石称丈量，径而寡失"，下列选项中对这句话理解不正确的是（　　）。

A 用寸、铢去测量丈、石会造成误差

B 选择合适的测量方法可以减少误差

C 反映了古人对"累积误差"的认识

D 俗话说"不积跬步无以至千里"，测量丈、石等得用寸、铢等慢慢测量

78. 我国古人很早就认识到"误差"问题，下列选项中表述不正确的是（　　）。

A 误差与测量方法有关

B 误差与测量工具有关

C 误差与测量规范有关

D 误差完全可以避免

79.《韩非子》曰，"先王立司南以端朝夕"，其中所谓"端朝夕"是指（　　）。

A 观看日出日落

B 观察方位

C 早晚端坐

D"朝夕"通"潮汐"

80."圆转无穷而司方如一"其本意描述的是（　　）。

A 司南

B 指南车

C 记里鼓车

D 指南鱼

81. 下列选项中对于“度量衡”的表述不正确的是（　　）。

A“度量衡”之名大概始于《虞书》所载，“同律度量衡”

B“度”“量”“衡”三个独立名字的由来大概出自汉代刘歆之典领条奏，曰“审度”“嘉量”“衡权”

C“度、量、衡”三个字从汉语言角度说，既是名词也是动词，作为名词就是“尺、斗、秤”；作为动词就是用“尺、斗、秤”进行测量

D“度量衡”是我国古代计量的一小部分，但非常重要

82. 下列选项中（　　）不是吴承洛先生所言的古代度量衡“三大正史”。

A《后汉书 · 律历志》

B《汉书 · 律历志》

C《隋书 · 律历志》

D《宋史 · 律历志》

83.《汉书 · 律历志》是由（　　）编纂的。

A 商鞅

B 刘歆

C 司马迁

D 班固

84. 下列选项中（　　）是吴承洛先生所言的中国古代度量衡的“开其首者”。

A《后汉书 · 律历志》

B《律吕正史》

C《史记 · 律书》

D《晋书 · 律历志》

85. 通常认为我国古代“算筹”不晚于（　　）就已经出现。

A 春秋晚期

B 战国晚期

C 秦

D 汉

86. 世界上第一个用科学方法实测地球子午线的人是（　　）。

A 隋朝　刘焯

B 唐朝　张遂

C 南北朝　祖冲之

D 元朝　郭守敬

87. 下列选项中，对《内史杂》“不用者，正之如用者”的意思解释最准确的是（　　）。

A 不用的度量衡器具就好像是在用的度量衡器具

B 不用的度量衡器具也要像在用的度量衡器具一样进行校正

C 没用人的人，改正了错误，就是有用的人

D 没用人的人，好像就是有用的人

88. 在“仲春、仲秋之月，日夜分，则同度量，平权衡，正钧石，角斗甬（桶）”这句话中的“仲春”“仲秋”是指（　　）。

A 立春和立秋

B 春分和秋分

C 初春和初秋

D 晚春和深秋

89. 我国古代将“上口大且使用不准、不便的圆柱形量器改为上口小下底大的方形之斛”，这个改革大致是在我国的（　　）代。

A 唐

B 宋

C 元

D 明

90.《唐令拾遗》中记载，“凡用秤者，皆悬以格；用斛者，皆以概”。下列选项中对“格”“概”描述不正确的是（　　）。

A“格”指的是限制秤杆末端低、昂的框架

B“概”指的是刮平斗、斛之类容器的工具

C 古人用“格”“概”二物平市

D“格”是秤的一部分，并无实际作用

91. 中华民国《权度法》颁布实施于（　　）。

A 1911 年

B 1915 年

C 1917 年

D 1919 年

92. 下列选项中关于度量衡“甲”“乙”制表述不正确的是（　　）。

A “甲”“乙”制均为《权度法》的法定制度，但甲制为辅制

B“营造尺库平制”为甲制，“万国权度通制”为乙制

C“甲”制按照比例折算但其实也是以万国权度通制为标准

D“甲”“乙”制为独立的权度制，它们之间无关联关系

93. 民国时期，1929 年颁布的度量衡方面的法律是（　　）。

A《权度法》

B《度量衡法》

C《计量法》

D 并未颁布涉及度量衡的法律

94. 下列选项中（　　）不是《度量衡法》规定的“一、二、三”制。

A 1 市升 =1 公升

B 2 市斤 =1 公斤

C 3 市尺 =1 公尺

D 1 市斤 =16 两

95. 我国历史上正式推行公历是在（　　）之后。

A 鸦片战争

B 戊戌变法

C 甲午战争

D 辛亥革命

96. 现行国际通用的公历，主要源于（　　）。

A 阳历

B 阴历

C 阴阳历

D 农历

97. 我国的传统历法实际上是一种（　　）。

A 阳历

B 阴历

C 阴阳合历

D 伊斯兰历

98. 我国周朝就设有专司度量衡的官员，下列选项中（　　）主要负责掌管公用度量衡器具。

A 挈壶氏

B 内宰

C 合方氏

D 大行人

99. 秦始皇统一全国后，颁布“一法度衡石丈尺，车同轨，书同文”法令，其中“车同轨”指的是车轨的距离，下列选项中对其距离表述不正确的是（　　）。

A 秦六尺

B 约合今 138 厘米

C 约秦时 1 步之距

D 约合今 198 厘米

100. 在我国古代有时用尺度来指代不同年龄段的人，一般用（　　）来指代未成年人。

A 五尺

B 七尺

C 八尺

D 十尺

101. 我国古人所称“丈人”，是指（　　）。

A 成年人

B 岳父

C 老年人

D 与古人称“丈夫”同一意思

102. 我国在（　　）正式发布公告，宣布杆秤不得在贸易结算中使用。

A 1949 年

B 1954 年

C 1986 年

D 1994 年

103. 我国古代大约在（　　）时候出现了“提系杆秤”。

A 秦

B 汉

C 唐

D 宋

104. 我国传统杆秤，除定盘星外，标识斤两的秤星通常有（　　）颗。

A 10

B 12

C 16

D 20

105. 在我国传统文化中，秤杆的秤星一般不用（　　）色标识。

A 白

B 金

C 黄

D 黑

106. 俗语“一推六二五”，大体来源于（　　）。

A 我国古代长度测量与十进制的换算

B 我国古代容量测量与十进制的换算

C 我国古代重量测量与十进制的换算

D 我国古代时间测量与十进制的换算

107. 从度量衡角度看，民国时“地方”一般是指（　　）。

A 一平方市尺的面积

B 一百平方市尺的面积

C 一百立方市尺的体积

D 一立方市尺的体积

108. 史料记载，我国大约在（　　）代以前实行的是“晨鼓暮钟”报时制度，与“晨钟暮鼓”报时制度相反。

A 汉

B 唐

C 宋

D 元

109. 在我国传统“干支”纪年法中，每（　　）年一个轮回。

A 60

B 90

C 120

D 150

110. 人到 60 周岁，一般习惯称呼为（　　）。

A 知命

B 花甲

C 古稀

D 耄（mào）耋（dié）

111. 我国古代在时间计量上普遍使用天干地支组合起来纪年、纪日，下列选项中不是天干的是（　　）。

A 乙

B 己

C 戊

D 巳

112. 我国古代在时间计量上普遍使用天干地支组合起来纪年、纪日，下列选项中不是地支的是（　　）。

A 壬

B 巳

C 戌

D 未

113. “里”在我国古代未曾作为（　　）单位使用过。

A 面积单位

B 长度单位

C 容量单位

D 居住单位

114. 我国唐代以后通常规定（　　）。

A 五尺为步，三百六十步为里

B 五尺为步，三百步为里

C 六尺为步，三百步为里

D 六尺为步，三百六十步为里

115. 下列选项中不属于二十四节气“中气”的是（　　）。

A 惊蛰

B 谷雨

C 霜降

D 大寒

116. 我国二十四节气，与下列哪种历法关系最密切（　　）。

A 太阳历

B 月亮历

117. 下列选项中哪个节气时昼夜时间相等（　　）。

A 立春和立秋

B 夏至和冬至

C 春分和秋分

D 大暑和大寒

118. 下列选项中对我国古人讲“方十尺”理解有误的是（　　）。

A 十平方尺

B 一百平方尺

C 一平方丈

D 十尺的平方

119. 古人讲“方五尺，积一百二十五尺”，表达的意思是（　　）。

A 面积 125 平方尺

B 体积 125 立方尺

C 长度 125 尺

D 五尺五尺地积累到 125 尺

120.《左传·哀公元年》记载，“有田一成，有众一旅”，这其中“旅”可能是指（　　）人。

A 100

B 300

C 500

D 1000

121.《尚书大传 · 卷四》记载,"八家而为邻，三邻而为朋，三朋而为里，五里而为邑，十邑而为都，十都而为师"，这其中"师"肯定不代表（　　）。

A 城市

B 军队

C 众多住家之地

D 都邑

122. 我国古代的"三军"肯定不是指代下列选项中的（　　）。

A"上""中""下"三军

B"左""中""右"三军

C"陆""海""空"三军

D"步""车""骑"三军

123. 下列选项中对《黄帝内经 · 素问 · 脉要精微论》中对人在四季的脉象描述正确的是（　　）。

A"春应中规，夏应中矩，秋应中衡，冬应中权"

B"春应中规，夏应中衡，秋应中矩，冬应中权"

C"春应中矩，夏应中规，秋应中衡，冬应中权"

D"春应中矩，夏应中规，秋应中权，冬应中衡"

124. 世界上第一个推算出圆周率介于 3.1415926 和 3.1415927 之间的人是（　　）。

A 古希腊数学家阿基米德

B 中国南北朝数学家祖冲之

C 印度数学家阿耶波多

D 阿拉伯数学家卡西

125. 英国科普作家罗伯特 · 坦普尔在《中国——发现和发明的国度》中所说，“使用完整的有刻度的活动测径器，中国比欧洲要早 1700 年左右”，这其中“有刻度的活动测径器”是指（　　）。

A 新莽卡尺

B 新莽嘉量

C 累黍定尺

D 嘉靖牙尺

126. 我国历史上第一个明确指出“刘歆铜斛”庣旁误差的人是（　　）。

A 刘徽

B 张衡

C 祖冲之

D 王蕃

127. 每年 5 月 20 日被确定为“世界计量日”，其主要源于（　　）《米制公约》的签订。

A 1875 年 5 月 20 日

B 1885 年 5 月 20 日

C 1895 年 5 月 20 日

D 1905 年 5 月 20 日

128. 我国于 2015 年 5 月发行的《世界计量日》邮票是新中国成立以来发行的第（　　）套计量专题纪念邮票。

A 1

B 2

C 3

D 4

129. 清末“海关度量衡”的出现大致开始于（　　）。

A 道光二十七年

B 道光二十五年

C 咸丰八年

D 咸丰五年

130. 清道光以后，清政府与外国的通商日益增多，为此清政府曾在《贸易章程》中规定，各口岸领事馆所用度量，均以当时（　　）定式为标准。

A 粤海关

B 浙海关

C 琼海关

D 津海新关

【参考答案】

1.D，2.D，3.A，4.A，5.D，6.C，7.D，8.B，9.A，10.C，11.D，12.A，13.B，14.B，15.B，16.A，17.C，18.D，19.A，20.A，21.C，22.C，23.C，24.A，25.D，26.A，27.C，28.C，29.A，30.D，31.C，32.A，33.B，34.C，35.C，36.A，37.C，38.A，39.B，40.D，41.A，42.D，43.C，44.B，45.B，46.A，47.D，48.B，49.A，50.D，51.B，52.C，53.D，54.A，55.A，56.D，57.D，58.D，59.C，60.C，61.D，62.B，63.D，64.B，65.C，66.B，67.B，68.B，69.D，70.A，71.B，72.A，73.D，74.D，75.B，76.A，77.D，78.D，79.B，80.B，81.D，82.A，83.D，84.C，85.A，86.B，87.B，88.B，89.B，90.D，91.B，92.D，93.B，94.D，95.D，96.A，97.C，98.D，99.D，100.A，101.C，102.D，103.B，104.C，105.D，106.C，107.B，108.B，109.A，110.B，111.D，112.A，113.C，114.A，115.A，116.A，117.C，118.A，119.B，120.C，121.B，122.C，123.A，124.B，125.A，126.C，127.A，128.A，129.C，130.A。

附录
APPENDIX

艾学璞先生审校手稿（节选）

之步”，即人单脚迈出一次为跬，双脚相继迈出为步，而且《辞海》有进一步注解，“步，用为长度单位，历代不一，周代以八尺为步，秦代以六尺为步，旧制以营造尺五尺为步”。《孔子家语》记，“布指知寸，布手知尺，舒肘知寻”，这是指用人的手指确定“寸”的长度；人舒展双臂确定“寻”的大小；人拇指指端和食指指端之间的距离定为“尺”等，《说文解字》进一步注解，“尺，十寸也，人手却十分动脉为寸口”，“中等妇人之手8寸为咫”，也就是说男人布手折合16至17厘米为一尺，而女人布手则被称为“咫”……

“以人体为则”确定早期计量单位和标准，不仅中国如此，外国也同样如此。古埃及以指尖至肘的间距定作一个长度单位，称为“肘尺”或“腕尺”，有学者根据公元前1500年埃及使用的两种肘尺测算，肘尺大约长度在50厘米上下；埃及著名的胡夫金字塔就是以法老胡夫的肘尺为标准修建的，据测塔高位300腕尺约合现在147米。古希腊以美男子库里修斯伸开双臂时，两手指尖的距离定为一个长度单位“噚”这类似于中国的“舒肘知寻”。古俄罗斯用人体各部位的比例定出长度单位，比如“肘长”和“拃长”，肘长大约合当时俄丈的1/4；拃长与中国的“布手知尺”相类似，大约合当时俄丈的1/8。1531年德国《几何学》中的木刻图中绘制出了16个人挤在一起图画，后一人脚尖碰前一人脚跟，这16个人脚挨着脚的总长度被确定为一个长度单位，称为“一杆”；德国人还曾经将最先走出教堂的16名男子的16只左脚长度的1/16定为

贰拾贰

中国自古有以“拃”（搩）zhǎ——张开拇指和中指（或小拇指）进行长度测量的方法，至今作为以人体为计量器具测量几何量长度的“活化石”仍在人们日常生活中沿用、传承。在天津方言中“拃”被读成（Hǎ）。所以，我们说“拃”没有纳入规范，写入史籍文献，但始终流传民间的“布手为拃”实为中国古代以人体为计量器具，粗略形成的统一标准方法测成的计量方法。“拃”为计量长度的单位，与“布手为尺”之“尺”，“布手为咫”之“咫”，同为中国古代以人体为计量器具，测量几何量长度的计

量单位。

如何理解日常生活中仍在使用的"布手为拃"的粗放计量测定？如何正解"布手知尺"文字记载的计量测定方法很有必要。因为近年来，丘光明先生在其所著《中国物理学史大系·计量史》一书中解释"布手知尺"既给出了"布手知尺"图又给出了文字说明："约合中等身高人体拇指至食指之间一拃的长度。"这解与吴承洛先生著《中国度量衡史》一书解释"布手知尺"："盖用手拇指与中指一叉相距，谓之一尺"相悖。

经查阅《现代汉语词典》："拃"（搩）其解为：①张开大拇指和中指（或小指）来量长度。由此可知"拃"为动词，可以理解为"布手"之动作。②量词，表示张开的大拇指和中指（或小指）两端的距离。按《现代汉语词典》的解释现代汉语中"拃"作为动词，可形成拇指和中指或拇指和小指两个指间距离，皆称之为"拃"，而"拃"字唯独没有表示"拇指至食指之间距离"的含意。换言之，丘先生所言"一拃"为"拇指至食指之间的长度"之解在现代汉语词典中找不到可支撑的含意，即拇指至食指的距离不能称之为"拃"。既然如此，"布手"中的拇指至食指的距离不属"布手知尺"的范畴，亦不能将其长度定为"一尺"之量的标准。用一个偶然的现代人且其为"中等身高人体"将其拇指至食指的距离恰与殷商古尺之量近似，随得出"布手知尺"为拇指至食指距离为"拃"，并且而称之为所知之"尺"确实值得商榷。

另外，日本东京都计量检定所1975年编辑出版《东京の计量100年》一书。该书讲述：日本古代计量，自开创开始为仿秦汉、隋唐古代大部分由朝鲜半岛传入日本。

日本古代计量依中国古代：周秦道律、汉秦道度、和秦道衡、唐秦道衣之法形成日本"尺合两"计量单位制。为说明日本古代计量来源于中国大陆，将在本书第一节即第4项的右下方给出日文典籍所载中国古代《布手知尺图》及日文注释的影印资料。《布手知尺图》的日文注释为右起竖排版，其首行为中文："家语王言解大戴礼王言篇曰　布指知寸布手知尺舒肘知寻"，第五行"布手知尺图"。图则翻译为：图下端为一支十寸的尺。尺上部画有伸开的右手，其拇指与尺末端相齐，食指弯曲，中指与尺始端相齐。由图可知"布手"是以拇指尖、食指和中指尖形成稳定的平面，弯曲的食指控制了布手的伸曲角度。这种布手方法克服了拇指与食指伸曲角度不稳造成量值不准的因素，这大概也是没有将以拇指至食指列入"布手知尺"标准操作方法的一个主要原因。在拇指的上方，日文注释明确了拇指至中指间距长度为一尺。故此份《布手知尺图》亦可证实我国古代"布手知尺"的标准操作为拇指和中指，弯曲食指构成的拇指至中指指尖的长度为"一尺"。

贯是形声字，以贝为其形，毌（guàn）为声。甲骨文中，毌是贯穿物体以方便携带，中间一竖代表古币钱币或物中之缝隙。贯之本意为穿钱之绳。

《史记·平准书》："京师之钱累巨万，贯朽而不可校。"《前汉书·贾捐之传》："至令谷腐而不可食，钱贯朽而不可校。"二例"贯"皆为穿钱之绳之涵义。

《魏书·李情传》："食邑五百户，赐钱一万贯。"《金史·宣宗纪》："兴定元年二月，初印贞祐通宝，凡一贯当贞祐宝券千贯。"此二例为千钱为贯的依据，千钱为贯，"贯"为量词。

历代钱币的质量大小不等，故千钱一贯之质量不能说是计量单位量值。所以，家财万贯是讲拥有 1000 个钱乘上 10000 等于 10000000 个钱币，是指钱币的个数。"贯"虽不是计量单位，但其所串穿的钱的重量数据与质量计量相通，与数据计量相关。《中国度量衡史》将记述了"以货币考度量衡"一节，即通过历代货币的质量、几何量尺寸进行测量，按测量结果平均值推算同期、王莽时期的质量单位的单位量值和几何量长度的量值。这是中国古代计量单位量值的一种特殊的考定方法。为什么会产生理解考定度量衡的方法呢？这和秦始皇统一货币是半两钱及西汉打击"莫钱"有着密不可分的关系。

秦统一天下之后，定币制为外圆内方，重半两——12铢钱；钱上铭文"半两"。后世称秦钱为"秦半两"。西汉时期以秦钱重，不便使用，曾经改铸有"三铢"、"八铢"、"四铢"钱，至汉武帝更铸"五铢"钱，当时认为大小轻重适中。从汉朝至隋朝"五铢"钱为制钱的质量标准历经七百余年。所以考定钱币的平均重量推算国家质量计量单位量值的考定方法具有可行性和科学的基础。

汉代，私铸和盗铸货币始终未绝。西汉时期，中央为维护国家财政，打击"莫钱"即成为重要手段。其中按《秦简金布律》记载秦汉时"官府受钱者，千钱一畚，以丞令印印，不盈千者，亦封印之。"即政府收取税的部门，收钱的方法是以 1000 个钱为一畚。通过称量计量钱数，1000 钱数装于一畚之中，用绳串装在一起即为一贯。1975年湖北江陵凤凰山出土竹简和铜环权及 101 枚四铢钱及同葬简牍。第一证明墓主下葬时间为汉文帝十三年（公元前167年）。竹简上有："正为市阳户人婴家称钱衡，以钱为累，劾曰四朱，两端□（累），□十一两："十.敢择轻重衡，及弗用，劾论罚徭，里家十日。"证实竹简、环权及 101 枚钱是为校核作为四铢砝码的"法钱"。"以钱为累"即是以钱作为砝码。此为我国古代所用以钱作为砝码的依据。打击莫钱 [illegible]

合一海关平斤=604.5 克；中国 1 丈=3.55 米，折合一海关尺为 35.8 厘米……

“海关度量衡”的出现和扩展，造成了清末我国度量衡制度、器具、量值的极其混乱，也进一步把中国推向半殖民地半封建的深渊，清政府的腐败无能无疑是这一恶果的主要原因之一。

□少数民族有自己特有的度量衡吗？

我国拥有五十多个少数民族，历史上很多民族都有自己特有的度量衡单位和标准，在国家统一计量的政策推动下，那些民族特有的度量衡单位和标准虽已不能作为正式的计量单位和标准来使用，但是它们作为一个民族特有的从历史、文化符号，今天看来依然有传承和研究的价值。我们略举几个例子来进行说明[①]。

基诺族。分布在西双版纳的基诺族曾经产生了七个以人体为标准的长度计量单位。他们规定“一拳之高或四指之高称为‘第步’”，“食指第一指节之长称为‘第寸’”，“食指至拇指的距离称为‘第召’或‘小拃’”，“中指到拇指的距离称为‘第毛’或‘大拃’”，“中指尖至肘关节之长称为‘第抽’是 1 肘之长”，“两臂平伸的距离称为‘第累’是 1 庹（tuō）之长”，“半庹之长称为‘第额’”，这其中还确定了换算关系，比如 1 庹=5 肘，1 肘=5 大拃等。

傣族。生活在中缅边境德宏的傣族，在频繁的边境贸易中发

① 国家质检总局. 中国计量文化[M].北京:中国质检出版社 2013 年 11 月第一版第 [illegible] 页

后记
POSTSCRIPT

每个民族、每个国家都有自己引以为荣的标志。计量科技的实力无疑是一个国家综合国力的体现，是一个民族引以为自豪的重要标志之一。新中国成立后，国家对计量工作给予了空前的重视和支持，目前我国计量获得国际互认的校准和测量能力已位居全球第四。

计量是关于测量及其应用的科学。著名科学家钱学森先生曾这样评价计量，“没有计量工作的现代化，要实现四个现代化是不可能的”；光学泰斗王大珩院士曾说“计量学是物理的基础和前沿”。我深知计量的重要性，总愿意选择一个适合的角度去关注和学习计量。计量重要到什么程度？用一个简单的例子足以说明，1875年5月20日，17个国家在法国巴黎共同签署了《米制公约》，要知道这个公约是由17国的外交官代表本国政府签署的。什么是外交？我的理解就是要捍卫国家主权和民族利益。一个计量领域的公约上升到外交层面来签署，足以说明计量关系到国家主权和民族利益。2200多年前的秦王嬴政尚且知道把“车同轨书同文一统度量衡”作为治国平天下的重要法宝，我们身处科技、经济飞速发展的当今，更没有理由不重视计量。我从小在部队大院长大，很喜欢聂荣臻元帅说的“科技要发展，计量须先行”，这与“兵马未动，粮草先行”有异曲同工之妙，粮草是兵马的保障，计量是科技的基础。

我几乎调研过全国所有省级计量院所和一些发达国家的计量标准机构，还有幸在天津计量院、北京计量院挂职锻炼过。所见所闻，感受颇多，总想着写点什么，碍于专业所限，不可能过多涉及计量科技领域，只能在外围鼓弄点与计量有关的历史文化之类的东西。当然，这并不是说历史文化相对于科技就肤浅，而是从这个角度入手，更容易贴近读者——书中目录所列问题几乎都是我的儿子在日常生活中向我询问的问题——更有利于将“计量通俗化”。

众人拾柴火焰高，没有专家学者的支持，单凭我个人肚子里的这点“货”肯定是什么也搞不出来的，所以借此机会，我要特别感谢中国计量科学研究院院长方向先生，中国戏剧家协会理事、中国作家协会会员、著名作家景凤鸣先生，天津计量博物馆创始人、知名度量衡史专家艾学璞先生，中国计量测试学会秘书长马爱文先生以及《中国计量》杂志副总编辑杨学功先生给予本书无私的、大力的支持！

收笔之时，正巧儿子从北京打来电话对我说，“NIST（美国国家标准与技术研究院）有个乐高玩具的电磁天平，咱们为什么不能做个记里鼓车的玩具模型呢？”……

郑颖

2016年10月21日

于天津天宝5218

参考文献

[1] 林光澂，陈捷．中国度量衡[M]. 上海：商务印书馆，1930.

[2]《古汉语常用字字典》编写组．古汉语常用字字典[M]. 北京：商务印书馆，1979.

[3] 辞海编辑委员会．辞海（1979年版）[M]. 上海：上海辞书出版社，1980.

[4] 河南省计量局．中国古代度量衡论文集[C]. 郑州：中州古籍出版社，1990.

[5] 金性尧．唐诗三百首新注[M]. 上海：上海古籍出版社，1992.

[6] 丘光明．中国古代计量史图鉴[M]. 合肥：合肥工业大学出版社，2005.

[7] 吴慧．新编简明中国度量衡通史[M]. 北京：中国计量出版社，2006.

[8] 国家质检总局计量司．计量史话[M]. 北京：中国计量出版社，2010.

[9] 丘光明．中国古代度量衡[M]. 北京：中国国际广播出版社，2011.

[10]（日）伊藤幸夫、寒川阳美．不可忽视的计量单位[M]. 广州：南方日报出版社，2012.

[11] 关增建．计量史话[M]. 北京：社会科学文献出版社，2012.

[12] 徐品方．数学趣史[M]. 北京：科学出版社，2013.

[13] 国家质检总局．中国计量文化[M]. 北京：中国质检出版社，2013.

[14] 吴承洛．中国度量衡史（民国沪上初版书复制版）[M]. 上海：三联书店，2014.

[15] 国家质检总局．新中国计量史[M]. 北京：中国质检出版社，2014.

[16] 郑颖，刘海鹏，陈昂．成语典故中的度量衡[M]. 北京：中国标准出版社，2015.

[17] 赵文斌．质量春秋[M]. 北京：中国质检出版社，2015.

[18] 中国科学院自然科学研究所．中国古代重要科技发明创造[M]. 北京：中国科学技术出版社，2016.

[19] 卞孝萱．《孔雀东南飞》诗中的时刻问题[J]. 许昌师专学报（社会科学版），1989（3）：31.

[20] 王军．中国历史上俸禄制度研究及启示[J]. 经济参考研究，2003（83）：4，8.

[21] 高鸿春．中国古代的温度测量[J]. 中国计量，2003（12）：40，45.

[22] 李占元，杨菊．湿度测量史话[J]. 中国计量，2004（1）：45，46.

[23] 关增建．中国计量发展历史分期初探[J]. 上海交通大学学报：哲学社会科学版，2004（5）：68-73.

[24] 郭聪．计时器的演变[J]. 百科知识（下），2010（6）：51.

[25] 时保吉．“军．师．旅”在先秦古语中的同义与差异[J]. 安阳师范学院学报，2011（6）：100-104.

[26] 丘光明．度量衡的经典著作《汉书 · 律历志》[J]. 中国计量，2012（11）：62-63.

[27] 艾学璞，刘锡萍 . 探索挖掘两汉《律历志》中隐含的中国古代计量起源的历史信息 [J]. 中国计量，2012 增刊：138.

[28] 史子伟 . 计量拾贝 [J]. 中国计量，2012 增刊：141，142.

[29] 陈璧耀 . 说“里” [J]. 中国计量，2013（7）：64.

[30] 李在清，杨巨铸，杨永刚 . 光度计量学的起源探索（一）[J]. 中国计量，2014（8）：62.

[31] 刘继义，韦靖 . 计量成语故事[J]. 中国计量，2014（11）：60.

[32] 周发祥，王之光 . 规矩衡权应四时脉象之我见 [J]. 辽宁中医杂志，2014，41（10）：2033–2034.

[33] 方向 . 求精准度万物量天地衡公平——浅析计量的基础作用 [N]. 中国质量报，2015–10–28（4）.

[34] 陈传岭 . 我国何时开始使用“检定”一词 [J]. 中国计量，2016（7）：61.

[35] 朱苏力 . 度量衡的制度塑造力——以历史中国的经验为例 [J]. 西北政法大学学报，2017（1）.